马铃薯
组织培养与工厂化育苗

邱彩玲　主编
普晓兰　顾问

中国农业科学技术出版社

图书在版编目（CIP）数据

马铃薯组织培养与工厂化育苗 / 邱彩玲主编 . --
北京：中国农业科学技术出版社，2025.1 -- ISBN
978-7-5116-7289-6

Ⅰ．S532

中国国家版本馆 CIP 数据核字第 2025GX5732 号

责任编辑　费运巧　任玉晶
责任校对　马广洋
责任印制　姜义伟　王思文

出 版 者	中国农业科学技术出版社
	北京市中关村南大街 12 号　邮编：100081
电　　话	（010）82106641（编辑室）　（010）82106624（发行部）
	（010）82109709（读者服务部）
网　　址	https://castp.caas.cn
经 销 者	各地新华书店
印 刷 者	北京捷迅佳彩印刷有限公司
开　　本	185 mm × 260 mm
印　　张	10.5
字　　数	222 千字
版　　次	2025 年 1 月第 1 版　2025 年 1 月第 1 次印刷
定　　价	58.00 元

版权所有·侵权必究

《马铃薯组织培养与工厂化育苗》
编写委员会

主　编　邱彩玲

副主编　刘德福　魏峭嵘　陈　悦

参　编　马仲炼　石教旭　黄先敏　包刘媛　何海艳
　　　　　李　勇　宿飞飞　王世敏　赵明辉

顾　问　普晓兰

内容简介

本书系统地介绍了植物组织培养的发展历程、基本原理和相关技术，重点阐述了马铃薯组织培养的相关内容，主要包括马铃薯脱毒的原理及技术、马铃薯组培苗快繁技术、试管薯生产技术、马铃薯脱毒种薯生产及质量检测技术等内容。为了满足不同人群的需求，本书安排了相关的实验内容，并介绍了与马铃薯脱毒种薯生产、质量检测相关的国家标准。

本书既可以作为昭通学院马铃薯特色班教材使用，也可作为其他高校马铃薯相关专业的教学用书以及马铃薯行业从业者的参考用书。

由于编者水平有限，时间仓促，难免存在不足之处，敬请专家、同行和读者批评指正。

编 者

2024 年 10 月

目 录

1 绪 论 ··· 1
   1.1 植物组织培养概述 ·· 1
   1.2 植物组织培养的特点及优越性 ······································ 4
   1.3 植物组织培养的任务及研究内容 ··································· 5
   1.4 组织培养中常用的名词术语 ··· 6
   1.5 植物组织培养技术在农业上的应用 ································ 7

2 马铃薯概述及马铃薯组织培养 ·· 10
   2.1 马铃薯生产概况 ·· 10
   2.2 马铃薯组织培养的应用现状及前景 ······························· 16

3 植物组织培养实验室的设施及基本操作 ································ 22
   3.1 植物组织培养实验室结构与组成 ·································· 22
   3.2 植物组织培养需要的条件 ·· 28
   3.3 植物组织培养基本操作 ··· 30

4 马铃薯病毒性退化与脱毒种薯生产 ····································· 44
   4.1 引起马铃薯退化的主要病原菌及其传染途径 ·················· 44
   4.2 脱毒马铃薯种薯 ·· 51
   4.3 马铃薯脱毒种薯生产的基本模式 ·································· 52
   4.4 影响马铃薯种薯质量的主要病害 ·································· 52
   4.5 脱毒马铃薯种薯的质量控制 ·· 53
   4.6 脱毒马铃薯种薯相关概念及意义 ·································· 54
   4.7 马铃薯脱毒试管苗在马铃薯脱毒种薯生产体系中的地位 ··· 56

5 马铃薯种薯脱毒复壮技术 ·· 58
   5.1 茎尖分生组织培养 ··· 58
   5.2 热处理结合茎尖分生组织培养 ····································· 60
   5.3 超低温脱毒法 ··· 61

5.4　化学处理脱毒法 …………………………………………………… 62
　　5.5　其他脱毒方法 ……………………………………………………… 63
　　5.6　PSTVd 脱除技术 …………………………………………………… 63

6　马铃薯脱毒试管苗工厂化快繁 …………………………………………… 67
　　6.1　核心种苗的制备 …………………………………………………… 67
　　6.2　马铃薯脱毒试管苗工厂化快繁 …………………………………… 69
　　6.3　马铃薯脱毒试管苗的长期保存 …………………………………… 72
　　6.4　马铃薯组培苗异常现象及解决措施 ……………………………… 74

7　马铃薯脱毒试管苗质量检测 ……………………………………………… 79
　　7.1　马铃薯病毒、类病毒常用的鉴定方法 …………………………… 79
　　7.2　国内外马铃薯种薯质量检测现状 ………………………………… 86

8　马铃薯试管微型薯生产 …………………………………………………… 89
　　8.1　马铃薯试管微型薯概述 …………………………………………… 89
　　8.2　马铃薯试管微型薯生产 …………………………………………… 90

9　组织培养设备、成本及开放式组培技术展望 …………………………… 94
　　9.1　抑菌剂 ……………………………………………………………… 94
　　9.2　培养容器 …………………………………………………………… 97
　　9.3　器具灭菌 …………………………………………………………… 98
　　9.4　组培苗的成本核算 ………………………………………………… 98
　　9.5　植物开放式组织培养技术展望 …………………………………… 99

10　马铃薯种质资源 ………………………………………………………… 100
　　10.1　种质资源的概念及其重要性 …………………………………… 100
　　10.2　马铃薯种质资源概况 …………………………………………… 101
　　10.3　种质资源保存概述 ……………………………………………… 102
　　10.4　马铃薯种质资源离体保存 ……………………………………… 102
　　10.5　我国马铃薯种质资源的保存方法 ……………………………… 104

11　脱毒马铃薯原原种生产 ………………………………………………… 107
　　11.1　利用试管薯在网室内生产原原种 ……………………………… 107
　　11.2　利用气雾法生产马铃薯原原种 ………………………………… 109
　　11.3　基质栽培法 ……………………………………………………… 111

12　马铃薯组培与工厂化育苗实验 ………………………………………… 123
　　12.1　实验要求 ………………………………………………………… 123
　　12.2　MS 培养基母液的配制 ………………………………………… 129

12.3 MS 培养基的配制	131
12.4 消毒与灭菌	132
12.5 无菌操作	136
12.6 外植体消毒处理及接种	138
12.7 马铃薯茎尖分生组织培养	142
12.8 马铃薯试管苗快繁	144
12.9 马铃薯试管薯的诱导	146
12.10 马铃薯种质资源试管苗保存	148
12.11 马铃薯试管苗的驯化与移栽	149
参考文献	**152**
附件	**158**
主要缩略语	**159**

1 绪 论

1.1 植物组织培养概述

植物组织培养是指在无菌和人工控制的环境条件下，利用适当的培养基，对离体的植物器官、组织、细胞及原生质体进行培养，使其再生成细胞或完整植株的技术。由于培养的植物材料已脱离了母体，又称为植物离体培养。

植物组织培养的概念可分为广义和狭义两种。广义概念是指对植物的器官、组织、细胞及原生质体进行离体培养的技术；狭义概念是指对植物的组织（如分生组织、表皮组织、薄壁组织等）及培养产生的愈伤组织进行离体培养的技术。

植物组织培养概念中所提到的是指使培养器皿、器械、培养基和培养材料等处于无真菌、细菌、放线菌、病毒等微生物的状态，以保证培养材料在培养器皿中正常生长和发育。人工控制环境条件是指对光照、温度、湿度、气体等条件进行人工控制，以满足植物培养材料在离体条件下的正常生长和发育。

1.1.1 植物组织培养发展简史

植物组织培养技术的发展历史可追溯到 19 世纪中期。从其诞生到现在，大致可分为探索阶段、奠基阶段和迅速发展阶段 3 个阶段。

1.1.1.1 探索阶段

从 19 世纪中叶到 20 世纪 30 年代初为植物组织培养理论探索和开创阶段。在这一阶段中，细胞学说的产生和细胞全能性的提出为组织培养技术的产生奠定了理论基础。在这些理论的指导下所开展的有关试验对组织培养技术的建立进行了有益的探索。

1838—1839 年，德国的植物学家 Schleidon 和动物学家 Schwann 创立了细胞学说（cell theory），其核心内容是：一切生物都是由细胞构成的，细胞是生物体的基本结构单位，细胞只能由细胞分裂而来。在这一学说的基础上，1902 年，德国著名植物生理学家 Haberlandt 提出了植物细胞全能性的理论，高等植物的器官和组织可以不断分割，直至单个细胞的观点，并首次进行了离体细胞培养试验。他用小野芝麻的叶栅栏组织和虎眼万年青属的表皮细胞进行离体培养。由于受到技术和设备的限制，结果仅观察到组织和细胞体积的膨大，而未见到细胞分裂。Haberlandt试验失败的原因，现在看来主要是他所选用的材料都是已经高度分化了的细胞。另外，他所用培养基过于简单，特别是培养基中没有包括诱导成熟细胞分裂所必需的生长激素，这是因为生长激素在当时还没有被发现。然而，作为植物组织培养的先驱者，Haberlandt的贡献不仅在于首次进行了离体培养的试验，而且在1902年发表了《植物离体细胞培养实验》的报告，报告指出：作为高等植物的器官和组织基本单位的细胞有可能在离体培养条件下实现分裂分化，乃至形成胚胎和植株。这种见解后来被称为细胞全能性学说。

1904年，Hanning在无机盐和蔗糖溶液中培养了胡萝卜和辣根菜的胚，并使这些胚在离体条件下长到成熟。1912年，美国的Robbins和德国的Kotte在根尖培养中获得了组织培养的成功，分别报道培养离体根尖获得某些成功。Kotte采用了无机盐、葡萄糖、蛋白胨及添加天冬酰胺等各种氨基酸的培养基。Robbins用含无机盐、葡萄糖或果糖的琼脂培养基，培养了长度为1.45~3.75 cm的豌豆、玉米和棉花的茎尖，形成了一些缺绿的茎和根，这是关于茎尖培养的最早试验。1933年，中国学者李继侗和沈同首次报道了利用天然提取物进行植物组织培养的研究，他们利用加有银杏胚乳提取物的培养基，成功地培养了银杏的胚。

1.1.1.2 奠基阶段

从20世纪30年代中期至20世纪50年代末期为植物组织培养的奠基阶段，此阶段植物组织培养建立了两个与组织培养技术有关的重要模式：一是培养基模式，二是激素调控模式。

1934年，Gautheret培养三毛柳和黑杨的形成层，成功得到愈伤组织。同年，White由番茄根建立了第一个活跃生长的无性繁殖系，使根的离体培养实验首次获得真正的成功，并于1937年建立了第一个组织培养的综合培养基，定名为White培养基。1937—1938年，Nobecourt用胡萝卜根进行组织培养而获得愈伤组织并继代培养了几十年。Gautheret、White和Nobecourt一起被誉为植物组织培养的奠基人，初步建立起植物离体培养的基本方法。我们现在所用的若干培养方法和培养基，原则上都是这三位学者在1939年建立的方法和培养基演变的结果。1943年White出版了《植物组织培养手册》一书，植物组织培养从此成为一门新兴学科。

1945年，Skoog和崔澂发现了腺嘌呤可以促进细胞分裂、组织成芽，将吲哚乙酸（indole-3-aceticacid, IAA）和腺嘌呤加入培养基中，使烟草茎段的髓组织细胞可以分裂和生长，并且分化形成不定芽。这是人类第一次从离体培养的植物组织中诱导出芽和植株。1951年，Nitsch将果实、子房、未受精的胚珠以及花器官的各个部分培养成功。1956年，Miller为了寻找细胞分裂物质，从脱氧核糖核酸（DNA）的降解产物中分离出6-呋喃氨基嘌呤（激动素，Kinetion），并发现它不仅可以代替腺嘌呤诱导烟草茎段分化芽，而且诱导芽分化的效率比腺嘌呤高 3 万倍。这一研究成果为诱导离体细胞的器官分化提供了有效的方法。1957 年 Skoog 和他的同事发现了生长素与激动素的不同配比对植物生长和分化的作用，即激动素与生长素的比例高形成芽，比例低则形成根。这一规律的发现，成为不同植物离体培养技术统一的基础。1958 年，Steward 和 Shantz 用胡萝卜根韧皮部细胞悬浮培养，从中诱导出胚状体并使其发育成完整小植株。第一次证实 Haberlandt 提出的细胞全能性学说，并为植物组织培养中研究植物器官建成和胚胎发生，开辟了一个新的领域。至今已经在一千多种植物上，从各种类型的组织和细胞，甚至原生质体，诱导出胚胎和完整植株，因此植物细胞的全能性的存在已是不争的事实。

综上所述，在这一发展阶段中，通过对培养条件和培养成分的广泛研究，特别是对 B 族维生素、生长素和细胞分裂素在组织培养中作用的研究，已经实现了对离体细胞生长和分化的控制，从而初步确立了组织培养的技术体系，为以后的迅速发展奠定了基础。

1.1.1.3 迅速发展阶段

据统计，20 世纪 60 年代初期，全世界还只有十几个国家的少数实验室从事组织培养研究，但到了 20 世纪 70 年代，组织培养领域仍然空白的国家已经屈指可数。组织培养技术之所以得到了迅速发展，一方面是由于有了前 60 年建立的植物组织培养理论和技术基础，另一方面是由于这项技术开始走出植物学家和植物生理学家的实验室，通过与常规育种、良种繁育和遗传工程技术相结合，在植物品种改良中发挥了重要的作用，并且在农业生产、花卉快繁、药物研发等若干方面已经取得了可观的经济效益。20 世纪 60 年代以来组织培养技术的发展，概括起来是基础研究再奏凯歌，原生质体培养取得重大突破，花药培养取得显著成绩，微繁技术得到广泛应用。1960 年，Cocking 用纤维素酶和果胶酶溶解了番茄根尖的细胞壁，得到了原生质体。继续培养原生质体，可重新长壁、分裂、分化形成根和芽，最终形成植株。1964—1966 年，Guba 和 Maheshwari 培养毛叶曼陀罗的花药，得到由花粉发育来的单倍体植物。1972 年，Carlson 培养的两个不同种的粉蓝烟草和郎氏烟草产生融合，得到了细胞杂种，而且该细胞杂种经细胞分裂、分化形成完整的杂种植物。在整个组织培养发展的历史中，我国学者曾经作出过多方面的贡献。除了前面提到过的李继侗等关于银杏胚胎培养的工作外，1935—1942 年间罗宗等关于玉米等植物离体根尖培养工作，以及后来罗士韦关于幼胚和茎尖培养的工作，李正理等关于离体培养中形态发生的离体茎尖工作，王伏雄等关于幼胚培养的工作等，都是组织培养技术在各有关领域里的有价值的应用研究。20 世纪 70 年代以来，我国组织培养研究出现了新的局面，发展速度较快，在某些方面已经做出了举世公认的重要成绩，尤其是在花药培养和原生质体培养方面，我国学者的工作已经受到世界各国同行的普遍重视和赞赏。目前，利用组织培养技术已经育成很多作物新品种。同时，组织培养技术在产业化方面也已经取得了巨大进步，例如马铃薯、兰花、红掌、沙棘、草莓、月季、人参、蝴蝶兰、非洲菊等很多植物的工厂化生产过程都已经广泛应用组织培养技术，并取得了显著的社会效益和经济效益，使我国植物组织培养技术应用研究走在了世界前列。

从上述植物组织培养发展简史中我们可以看出，像任何其他科学领域一样，植物组织培养在开始也只是一种纯学术性的研究，用以探索有关植物生长和发育的某些理论问题。但是植物组培发展的结果却显示出其巨大的商业应用价值，某些技术已经在农业生产中直接或间接地产生了显著的经济效益，随着植物组织培养技术的日益完善，配套技术的更新和应用领域的拓展，必将产生更大的社会效益和经济效益。

1.2　植物组织培养的特点及优越性

1.2.1　植物组织培养的特点

植物组织培养主要是采用微生物学的试验手段来操作植物离体的器官、组织和细胞等。具体表现在以下 6 个方面。

（1）组织培养的整个过程都是在无菌条件下进行的，外植体、培养基、接种环境等都需经过无菌处理。

（2）组织培养在多数情况下是利用成分完全确定的人工培养基进行的，除少数特殊情况（如进行营养缺陷型突变细胞的筛选）外，培养基中包括了植物生长所需的水分和一切大量元素、微量元素、有机物和植物激素。

（3）组织培养的起始材料可以是植物的器官、组织，也可以是单个细胞，它们都处于离体状态下。

（4）组织培养通过连续继代培养可以不断增殖，保持种性，形成克隆，或通过改变培养基成分，特别是其中的植物激素的种类和配比，而达到不同的试验目的，如茎芽增殖或生根。

（5）组织培养是在封闭的容器中进行的，容器内气体和环境气体可通过瓶塞、封口膜或其他封口材料进行交换。

（6）组织培养的环境温度、光照强度、光质和时间等都是人为设定的，找出这些物理因素的最适参数对组织培养的成功很重要。

1.2.2　植物组织培养的优越性

植物组织培养的优越性在于研究植物器官、组织、细胞、原生质体的生长和分化规律时，既可以不受植物体其他部分的干扰，也可以不受外界环境条件的影响。其主要优越性表现在以下 5 个方面。

（1）试验材料来源单一，无性系遗传特性一致。由于植物组织培养材料是细胞、组织、器官、小植株等，个体微小，均可来自同一个体，遗传性状高度一致，培养中获得的各种水平的无性系（即克隆，clone）具有相同的遗传背景，极大地提高了试验的精确度。

（2）成本低，效率高。组织培养试验微型化、精密化，管理集约精细，一个人可同时做多项试验，工作效率高。植株也比较小，一般 20~30 d 为一个周期。所以，虽然植物组织培养需要一定设备及能源消耗，但由于植物材料能按几何级数繁殖生产，故总体来说成本低廉，且能及时提供规格一致的优质种苗或脱病毒种苗。

（3）环境条件可人为控制。培养基中各种成分和环境条件（如温度、光强、光质、光周期、变温处理等）完全可以人为控制，不受季节限制，试验处理易于安排调配，处理间误差小，极利于高度集约化和高密度工厂化生产。

（4）生长周期短，繁殖率高。植物组织培养是根据不同植物不同外植体的不同要求而提供不同的培养基与培养条件，营养与环境条件优越且一致，外植体生长、分化快，可控程度高，重复性好，植物材料能按几何级数繁殖生产，繁殖率高。

（5）管理方便，利于工厂化生产和自动化控制。组织培养采用的植物材料完全是在人为提供的培养基和小气候环境条件下进行生长的，摆脱了大自然中四季、昼夜的变化以及灾害性气候的不利影响，且环境条件均一，既利于高度集约化和高密度工厂周年化生产，也利于自动化控制生产。与盆栽、田间栽培等相比，管理方便，可以大大节省人力、物力及田间种植所需要的土地。

1.3 植物组织培养的任务及研究内容

1.3.1 植物组织培养的任务

植物组织培养的任务在于研究无菌及离体条件下，细胞、组织、器官所需营养条件和环境条件；细胞、组织、器官的形态发生和代谢规律；再生个体的遗传和变异；植物脱毒的方法和机理；人工种子制备的方法与技术；珍贵植物特别是一些繁殖系数低的植物的大量快速繁殖的方法与技术；体细胞变异的获得与筛选；次生代谢产物的生产与生物转化；种质资源的离体保存机理和方法；原生质体融合的方法和机理；遗传转化细胞、组织的再生与培养等。从而改良植物品种，创造新的植物种类，加速珍贵植物品种的繁殖。

1.3.2　植物组织培养的研究内容

（1）胚胎培养。对幼胚、胚珠、珠心及胚乳的离体培养。

（2）器官培养。对植物根、茎、叶、花、果实的培养。

（3）组织培养。植物各部分组织的离体培养。

（4）细胞培养。用能保持较分散性的植物细胞或较小的细胞团为材料进行的离体培养，如叶肉细胞、根尖细胞等。

（5）原生质体培养。借助某些方法，除去植物细胞的细胞壁，培养裸露的原生质体，使其在特定的培养基上，重新形成细胞壁并继续分裂、分化形成植株的方法。

（6）细胞杂交。利用植物组织的原生质体融合成杂种细胞，进行体细胞遗传和育种研究。

从上面6个方面延伸的内容有：植物脱毒培养、突变体筛选、超低温冷冻贮藏、人工种子、遗传转化等。可见植物组织培养的内容非常丰富，大到器官，小到细胞，乃至脱除细胞壁的原生质体等都是植物组织培养的研究内容。

1.4　组织培养中常用的名词术语

（1）外植体（explant）。由活植物体上切取下来用于组织培养的器官或组织叫作外植体。

（2）愈伤组织（callus）。在人工培养基上由外植体长出来的一团无序生长的薄壁细胞。

（3）培养基（medium）。根据植物营养原理和植物组织离体培养的要求而人工配制的营养基质。

（4）初代培养（first-passage cell culture）。接种某些外植体后最初的几代培养，目的是获得无菌材料和无性繁殖系。

（5）继代培养（subculture）。愈伤组织在培养基上生长一段时间后，营养物枯竭，水分散失，并已经积累了一些代谢产物，此时需要将这些组织转移到新的培养基上，这种转移称为继代培养或传代培养。

（6）脱分化（dedifferentiation）。由失去分裂能力的细胞恢复到分生性状态并进行分裂，形成无分化的细胞团即愈伤组织的现象（或者说是过程）称为"脱分化"（即一个成熟细胞转变为分生状态的过程）（崔德才等，2003）。

（7）再分化（redifferentiation）。指脱分化的细胞或组织，经诱导产生新的具有特定结构或功能的组织或器官的一种现象或过程。

（8）细胞全能性（totipotency）。植物细胞具有该植物体全部遗传信息，在一定条件下如同受精卵一样，具有发育成完整植物体的潜在能力。

（9）器官发生（organogenesis）。由愈伤组织的部分细胞分化产生芽（或根），再在另一种培养基上产生根（或芽），形成一个完整的植株。因为芽和根都是植物体的器官，所以这一过程叫器官发生。

（10）胚胎发生或无性胚胎发生（embryogensis）。在愈伤组织中产生出一些与种子中的胚相似的结构，即同时形成一个有苗端和根端的两极性结构，然后再在另一种培养基上同时发展成带根苗。由于这一过程与种子中胚的形成和种子萌发时形成幼苗的过程相似，所以叫作胚胎体发生或无性胚胎发生。

1.5 植物组织培养技术在农业上的应用

植物组织培养一方面可为遗传工程提供理想的受体材料，另一方面又可为常规的植物改良程序提供一种新的手段，从而使很多用传统方法难以解决的问题迎刃而解，更多、更快、更好地创造出各种农作物和园艺植物的新品种、新类型和新种质。概括地说，组织培养系在农业上的应用包括以下10个方面。

（1）组织培养是转基因技术不可缺少的组成部分，无论是转基因受体的提供，还是转化细胞的筛选和再生，都需要有组织培养技术作为支撑。

（2）通过花药培养，获得来源于花粉的单倍体、双单倍体植物用于育种。单倍体育种可以简化育种程序，缩短育种年限。单倍体育种是常规育种程序和方法的重大改革，为新品种的培育开辟了一条新途径。花粉单倍体植株不仅可以迅速获得纯系，而且有利于突变育种，便于隐性突变分离。从20世纪70年代利用花药培养技术获得多种花粉单倍体以来，花药培养技术在遗传育种中的作用日益凸显。目前有上百种植物花药培养获得成功，有些作物已利用花粉单倍体进行育种，并培育出新的品种在生产上利用。目前，我国已大面积投产的作物种类有烟草、水稻、小麦、青椒等，即将投产的有大麦、油菜等。

（3）在杂交育种实践中，常因为雌雄配子的许多不亲和因素阻碍杂交的进行。为了克服这种不亲和性，试管内受精的方法可能为消除这种障碍提供一项有用的技术。Kanta等把罂粟的胚珠移植于试管内进行人工授粉，取得了成熟的种子。离体胚的培养是组织培养中最早获得成功的器官。它对克服远缘杂交育种的困难有重要的意义。在兰花育种中，离体胚培养取得显著效果。

（4）有些植物的病毒病相当严重，给农业生产造成极大损失。利用微茎尖培养可以脱除病毒，因而离体培养成为培育无病毒苗木的主要途径。目前已在草莓、马铃薯、柑橘、苹果、樱桃、杏、酿酒葡萄等多种植物上取得成功，获得无病毒苗。我国先后在内蒙古、黑龙江和河北等省（自治区）建立无病毒马铃薯原种场，为全国各地提供无病毒种薯，平均可增产30%，经济效益十分明显。优质草莓脱毒苗已向全国各省份推广，在草莓生产上发挥了重要作用。

（5）利用原生质体融合技术，可以把不同品种或种属之间的体细胞融合为一体，获得体细胞杂种，克服植物远缘杂交的不亲和性。1978年，国际上诞生了第一个属间细胞杂种再生植株，为马铃薯与番茄的原生质体融合，"茄薯"兼有双亲的某些特征。同时原生质体还是不同遗传信息的良好受体。

（6）体细胞无性系变异是除有性杂交和理化诱变之外的第三个变异来源，这种变异在育种中的利用价值已经引起人们的广泛注意。

（7）通过离体诱导不定芽或促进腋芽生枝，可对很多重要的园艺植物和名贵花卉、树种进行快速繁殖。例如，兰花离体繁殖，一株兰花，一年可繁殖400万株；草莓的一个顶芽一年可繁殖1×10^8个芽；一株葡萄，一年可以繁殖3万多株。中国进入工厂化生产的植物主要有香蕉、甘蔗、葡萄、苹果、芦荟、脱毒马铃薯和脱毒草莓等。

（8）通过用人工种皮包被体细胞胚制造人工种子，为某些稀有和珍贵物种的繁殖提供了一种高效的手段。人工种子的意义在于：便于贮藏和运输；不受季节和环境限制；利于繁殖生育周期长、自交不亲和、珍贵稀有的一些植物；可在人工种子中加入抗生素、菌肥、农药等；体细胞胚由无性繁殖体系产生，可以固定杂种优势。

（9）利用离体培养方法保存植物种质资源，可以节省人力、物力和土地，并且方便种质资源交换，避免病虫的人为传播。目前，不但可以在常温条件下通过抑制培养物的生长来达到离体保存种质的目的，而且可以通过温度的控制（低温或超低温），中期或长期保存培养的种质，并能在需要时较快地恢复生长。如草莓茎尖在4℃黑暗条件下，茎培养物可以保持大约6年的生命力，其间只需每3个月加入一些新鲜培养液；胡萝卜和烟草等植物的细胞悬浮物，在-196~-20℃低温条件下贮藏数月，解冻后能恢复生长，并再生植株。

（10）利用植物组织或植物细胞的大规模培养，可以生产人类需要的一些天然有机化合物，如蛋白质、脂肪、糖类、药物、香料、生物碱及其他活性化合物。目前，已从200多种植物的培养组织或细胞中获得了500多种有效代谢化合物，包括一些重要药物。有40余种化合物在培养细胞中的含量超过原植物，如粗人参皂苷含量在愈伤组织为21.4%，冠瘿组织为19.3%，再分化根为27.4%，都高于天然人参根的含量（4.1%）。特别是天然植物蕴藏量少、有效成分含量低，但临床效用高的药物成分，如紫杉醇等，利用组织培养进行大规模生产，具有巨大的社会效益和经济效益。

通过长期的反复研究和实践，组织培养技术逐步发展和完善起来。特别是近年来，从理论和实践两个方面，有力地推动了生物科学各领域的发展，如植物生理学、植物胚胎学和细胞学、病理学、遗传学和育种学等。植物基因工程在农业生产中的应用，引人瞩目，愈伤组织、单细胞及原生质体等都是基因工程中遗传转化的良好受体。

▶ **思考与练习** ◀

1. 植物组织培养有哪些优越性?
2. 植物组织培养可以应用在哪些方面?
3. 植物组织培养的基本原理是什么?

2 马铃薯概述及马铃薯组织培养

2.1 马铃薯生产概况

在我国不同的地区，人们对马铃薯（*Solanum tuberosum* L.）有着不同的称呼，比如在东北和华北地区大都称其为"土豆"，在西北和西南地区多称为"洋芋"，山西和内蒙古称为"山药蛋"，还有的地区叫它"地豆""山药""洋山药""土卵""地蛋""番芋"等。从不同地方的名字就可以看出，它在我国分布十分广泛，从南到北，从东到西都有种植。

马铃薯在植物分类中为茄科茄属，是一年生草本块茎植物。马铃薯起源于南美洲安第斯山山区，它在当地有着悠久的栽培历史。早在新石器时代，安第斯山山区居住的印第安人便将马铃薯作为生活中的主食，马铃薯的丰歉直接影响他们的生死存亡。因此，印第安人把马铃薯尊奉为"丰收之神"，经常祭祀祈求。到16世纪中期，哥伦布发现美洲大陆以后，马铃薯被传到欧洲，并很快得以发展，成为北欧人民的主要食物之一。此后，以欧洲为传播中心，马铃薯开始向世界各地传播。

马铃薯传入我国的时间，据资料介绍是在明朝万历年间，距今只有400余年，虽然马铃薯在我国是一个年轻的作物，但由于马铃薯适应性强、增产潜力大、抗灾能力强、早熟、易于种植，更重要的是，它既能做粮食，又能做蔬菜，营养价值高，因而迅速成为了我国人民喜食的农作物，扎根于全国各地。

2.1.1 种植马铃薯的优势

马铃薯是我国第四大粮食作物，过去为解决人民的温饱问题发挥了关键作用，而未来的马铃薯产业发展对保障我国粮食安全、促进农业现代化、发展区域经济等具有重要的意义。尤其在海拔高、气候冷凉地区，很多作物（如水稻、玉米等喜温作物）都无法种植，但马铃薯可以很好地生长，因此，这类地区的马铃薯生产显得更加重要。

马铃薯生产主要具有以下几方面的优势。

2.1.1.1 马铃薯是一种适应性广,抗灾能力强,容易栽培的作物

马铃薯高度适应各种气候环境及土壤。从阿根廷南部的南纬50°到挪威的北纬70°,从接近海平面的地方到海拔4 000 m左右的南美高山和青藏高原都可种植,尤其喜欢在冷凉、昼夜温差较大的气候条件下生长和结薯。马铃薯喜欢微酸性土壤,土壤pH值为4.8~7.1时,都能生长,即使在盐碱地,经过一定的土壤处理和改良,马铃薯也能健壮生长。

马铃薯早熟,抗灾能力强,农民都叫它"铁杆庄稼",只要种上,就会有一定的收成。因其收获器官在地下生长,受到土壤的保护,使它具有耐旱、耐寒、耐贫瘠的特点,冰雹、冷害、冻害等自然灾害不会使其绝收;另外,其茎叶再生能力强,遭遇轻霜还可重新发棵、结薯。

马铃薯具有良好的农艺性状,适合各种栽培制度,可春作、秋作、冬作,播种方式也有平播、垄播等多种方式,近几年我国南方还有免耕法的栽培方式;还可以利用其矮秆、早熟、喜欢冷凉、容易种植等特性,积极推广与粮、棉、果树、蔬菜、药材等多种农作物间作套种,不仅合理地利用了不同土层的营养和水分,也合理地利用了空间、时间、地热和光能等资源,在有限的土地上获得较高的产量。

2.1.1.2 马铃薯的产量高,增产潜力大

马铃薯亩[①]产一般为1 500~2 250 kg,高产的可达3 000~5 000 kg/亩,按所产的干物质计算,比其他粮食作物单位面积的干物质产量高2~4倍,若以所产的淀粉量来做标准,在主要粮食作物中很少有哪种作物能与马铃薯相比。

2.1.1.3 马铃薯营养价值高,有利于改善人们的膳食结构

马铃薯营养丰富,制作和食用方法多种多样,受到了全世界的高度欢迎。新鲜马铃薯含有76%~85%的水分和15%~24%的干物质,它的营养物质都存在于干物质中。淀粉及糖类占鲜重的13%~22%,蛋白质占1.6%~2.1%。此外马铃薯所含的维生素种类也很多,还含有铁、磷、钾、钙等营养元素,以及一定数量的脂肪和粗纤维。

马铃薯不但营养齐全,而且结构合理,尤其是蛋白质的分子结构与人体的蛋白质分子结构基本一致,极易被人体吸收利用。美国农业部门曾对马铃薯作出这样的评价:"每餐只吃全脂奶粉和马铃薯,便可得到人体所需的一切营养元素。"所以,一些国家又给马铃薯赋予了许多美称,如"地下苹果""第二面包""珍贵作物"等,可以说"马铃薯是十全十美的全价食物"。其主要营养物质如下。

(1)蛋白质。马铃薯鲜块茎中蛋白质含量一般为1.6%~2.1%,高蛋白质品种可达3%,其蛋白质与动物蛋白质相近,可以与鸡蛋媲美,极易被消化吸收。组成蛋白质的氨基酸种类丰富,含有人体所需要的各种必需氨基酸。

---

① 1亩 ≈ 666.7m², 全书同。

（2）脂肪。马铃薯块茎的脂肪含量极低，一般在0.1%左右，是典型的低脂肪食品，符合现代人对低脂食品的需求。

（3）糖类。马铃薯块茎中含有单糖（还原糖，包括蔗糖和果糖）和多糖（淀粉，包括直链淀粉和支链淀粉），一般含量为13.9%~21.9%，其中淀粉约占85%，也就是说，大多数马铃薯品种块茎中的淀粉含量为13.2%~20.5%。还原糖含量高的品种在油炸时容易发生"美拉德反应"而褐变，故其含量是马铃薯油炸加工专用品种的一个重要指标。另外，块茎中还含有0.6%~0.8%的粗纤维，也称膳食纤维，其含量是小米、大米和面粉的2~14倍。

（4）矿物质。块茎中含有较多的钾、钙、磷、铁等成分，还含有镁、硫、氯、硅、钠、硼、锰、锌和铜等人和动物必需的营养元素。马铃薯的矿物质多呈碱性，这是一般蔬菜所不及的，故马铃薯为碱性食品，可中和酸性食品（大米、白面、动物食品等）的酸度，保证人体内的酸碱平衡。

（5）维生素。马铃薯含有多种维生素，这是其他作物所不及的。如维生素C、胡萝卜素（维生素A）、硫胺素（维生素B_1）、核黄素（维生素B_2）、泛酸（维生素B_3）、烟酸（维生素PP）等，其中以维生素C的含量最多。一个成年人每天吃500 g马铃薯，即可满足人体对维生素C的全部需要量，这就是为什么西方人吃了马铃薯后不再需要食用其他蔬菜的重要原因之一，也是我国高寒地区人们在冬季长期食用马铃薯而缺乏蔬菜水果的情况下，仍能保持身体健康的重要原因之一。

（6）花青素。研究表明，紫色马铃薯（也称为黑色马铃薯）含有较多的花青素，有人称花青素是继水、蛋白质、脂肪、碳水化合物、维生素、矿物质之后的第七大必需营养素。花青素是一种强有力的抗氧化剂，可清除人体内自由基，其效率远高于维生素C和维生素E，花青素还能增强血管弹性，改善循环系统和增进皮肤的光滑度，抑制炎症和过敏，改善关节的柔韧性。特别能帮助预防多种与自由基有关的疾病，包括癌症、心脏病、过早衰老、关节炎等。

但需要注意的是，马铃薯的成分中有龙葵素等有毒物质。马铃薯块茎中含有一种叫作龙葵素的生物碱，人畜食用过量的龙葵素会引起中毒。龙葵素的含量因马铃薯的品种而异，现在推广应用的品种，在正常收获和贮藏的条件下，块茎中龙葵素的含量均很低，对食用品质基本没有影响。但是，当块茎长时间暴露在光照条件下，或者当块茎开始发芽时，其龙葵素的含量均显著增加，此时已不宜食用。

2.1.1.4 马铃薯用途广泛，经济效益好

马铃薯具有多种用途，既是粮食又是蔬菜。在生育期较短的北方和高寒山区，人们以马铃薯和玉米为主食，马铃薯相比其他蔬菜更耐贮运，对调剂淡季的蔬菜供应起着重要作用。因此，无论在餐桌食品中，还是在休闲食品中，马铃薯都占有一定的位置。

马铃薯的营养价值高，也成为了发展畜牧业的优质饲料，不仅块茎可以做饲料，其茎叶还可做青贮饲料和青饲料。用它喂养畜禽，可以增加肉、蛋、奶的转化率。除此之外，马铃薯的茎叶又是极好的绿肥，茎叶鲜嫩多汁，入土后容易腐烂转化，肥效快。

在农产品加工方面，马铃薯淀粉及其衍生物以自身独有的特性成为纺织、造纸、化工、建材等许多领域的优良添加剂、增强剂、黏合剂及稳定剂；在医药制造业中，可以生产酵母、多种酶、维生素、人造血浆及药品的添加剂等；在食品工业上，可加工成油炸薯条、薯片以及膨化食品，加工后的经济效益十分可观。而我国目前马铃薯加工产业还有很大的发展空间，如果在马铃薯加工方面投入更多的人力物力，不仅可以为保障粮食安全提供一定的助力，还可以提供更多的就业机会，带动周边区域的发展。

因此，种植马铃薯，无论是在高寒贫困地区解决农民收入低，实现乡村振兴，还是在发达地区实现农民致富愿望，都具有非常重要的意义。

2.1.2 我国马铃薯生产现状

据联合国粮食及农业组织数据，2021 年全球马铃薯种植范围已分布到 158 个国家和地区，总面积 2.72 亿亩，总产量 3.76 亿 t，亩产 1 380 kg。我国的马铃薯生产也发生了一定的变化，近年来我国马铃薯生产主要表现为以下 9 个特点。

2.1.2.1 全国马铃薯种植面积和总产量均有所下降

根据国家马铃薯产业技术体系的数据统计，2021 年全国 29 个省（自治区、直辖市）马铃薯种植面积为 545.61 万 hm^2，较 2020 年减少 14.03 万 hm^2，降幅为 2.5%；总产量 12 200 万 t，较 2020 年减少 88.4 万 t，降幅为 0.7%。北方一作区收获面积出现明显下降，吉林收获面积降幅达到 30%，河北、内蒙古、黑龙江、宁夏等原北方主产省（自治区）均出现 10% 以上的降幅；南方冬作区和西南混作区收获面积均有一定增长，多数有增长的省份出现在这两个区；中原二作区收获面积下降最为明显，几乎所有省份都有所下降。总产量超过 1 000 万 t 的有贵州、甘肃、四川和云南 4 省，其中贵州和甘肃均达到了 1 500 万 t 的水平，四川超过 1 400 万 t，云南接近 1 300 万 t；宁夏、吉林、黑龙江和内蒙古 4 省（自治区）产量下降明显，降幅分别达到 27.0%、24.2%、20.2% 和 16.2%。

2022 年中国马铃薯收获面积和总产量依然下降，综合判断降幅分别为 5% 左右和 3% 左右。北方一作区收获面积出现明显下降，除山西和青海有小幅增长外，其他省份均有不同程度减少，减少面积较大的有内蒙古、陕西、黑龙江。西南地区马铃薯在连续多年增长之后也出现下降，贵州和云南减少 12 万 hm^2 左右，但四川和重庆少量增加。中原二作区各省份面积均有不同程度增加，南方冬作区收获面积总体减少。传统马铃薯主产区总产量减少比较明显，总产量减产超过50万t的有贵州、甘肃、重庆、黑龙江、河北、内蒙古和吉林7个省（自治区、直辖市）。

2.1.2.2 灾害频繁发生

2022年在我国历史上属于气象灾害发生较重年份，北方多数地区受"前旱后涝"影响较大，河北和内蒙古的坝上地区在8月下旬遭遇霜冻灾害，东北地区马铃薯受秋季降雨较多导致晚疫病发生情况较严重，西南混作区主要受到持续低温、晚疫病频发、阴雨寡照等灾害的影响，中原二作区在气象灾害方面主要受到干旱少雨、倒春寒等极端气象条件的影响，南方冬作区主要受到阴雨寡照、持续低温、涝灾等灾害的影响。

2.1.2.3 农业政策加速生产模式演化

党中央、国务院对粮食生产的重视程度进一步加强，各地根据当地的农业生产条件开展马铃薯间套作生产，湖北恩施"薯－玉－豆"和"薯－玉－X"宽幅复合种植模式推广了27万余亩，成为稳粮保供的典型案例，四川成都和凉山果园、苗木园间套种马铃薯面积增加，贵州安顺马铃薯与玉米、大豆及幼龄果树等的间套作种植模式面积增加。丘陵山区高标准农田建设加快推进，西北地区和西南地区的不规则小田块得以改造，马铃薯种植田块的标准化、宜机化程度得以提升，有效促进了丘陵山区农机与农艺相互融合，进一步扩大了农机在丘陵山区马铃薯产区的投入量。地方农业生产财政补贴政策进一步向新型经营主体倾斜，企业基地、合作社和家庭农场等新型经营主体的种植规模扩大，内蒙古乌兰察布千亩以上连片种植面积增加70%。

2.1.2.4 马铃薯品种呈现"百家争鸣"局面

全国栽培品种逐步多元化，2022年全国种植面积万亩以上的品种约120个，其中鲜食品种96个，高淀粉品种10个，食品加工品种12个，其他用途品种2个。黄皮黄肉等市场接受度较好的品种栽培面积持续扩大，众多新品种进入种薯市场，全国多地出现品种结构转换迹象，单一品种的市场生命周期有所缩减，流行品种快速更替。

2.1.2.5 马铃薯种业发展逐渐得到各地重视

随着国家种业振兴行动的深入实施，马铃薯种业创新和种薯产业发展逐渐得到重视。辽宁沈阳成立了马铃薯种业创新团队，各科研单位、种薯企业联合起来，协同做好品种引进、选育、繁育等各项科研工作。张北种业大县对建设原原种生产大棚进行补贴，原原种生产面积继续扩大。湖北恩施实施"种薯振兴"行动，强化品种资源芯片建设、脱毒种薯繁育体系建设和种业龙头企业培育建设。非传统马铃薯主产区也开始鼓励马铃薯种业产业发展，江苏成立了几家种薯繁育企业，部分地区政府加大对种薯繁育示范基地的投入和支持。

2.1.2.6 数字化技术应用，马铃薯生产迈出实质性一步

由黑龙江省与北大荒农垦集团共同发榜，由中国农业科学院蔬菜花卉研究所牵头，

联合中国农业科学院农业资源与农业区划研究所揭榜的智慧农业榜单"规模化农场天空地一体化信息感知与智能决策关键技术研究及应用"项目,取得显著成效,围绕"感知–分析–决策–示范"创新链条开展智慧农场关键核心科技攻关,向打造中国首个马铃薯规模化农场的"智慧样板"迈出了坚实的一步。

2.1.2.7 加工原料薯缺口较大

2022年马铃薯淀粉产品市场价格整体处于高位,相关企业生产利润也整体较好,淀粉加工产能继续扩张,黑龙江牡丹江、哈尔滨等地均有大型淀粉加工企业建成投产,新疆淀粉、全粉加工企业增多,全国马铃薯淀粉加工产能进一步提升。但是,2022年多地受气候影响,马铃薯种植面积和产量明显下降,马铃薯淀粉产量也随之下降,加工原料薯缺口较大,部分淀粉加工企业加工率低,较2021年减产约40%。

2.1.2.8 马铃薯价格行情不错,但薯农收益并未显著提高

在总产量降低、灾害导致商品率明显下降、加工品市场行情较好等多重因素影响下,2022年中国马铃薯商品供应量下降幅度较大。因此,虽然马铃薯市场需求量总体偏弱,但整体商品供需关系仍呈现偏紧的形势,马铃薯市场价格、销售形势等均比较喜人。总体来看,无论是新薯产地价格还是批发市场价格,2022年都整体好于2021年同期,尤其是秋收马铃薯价格涨幅明显。产地田间价格走势维持了"前高后低"的规律,整体比2021年上涨约0.30元/kg,涨幅为18%左右。但是,受国际局势影响,马铃薯生产肥料、燃料等投入品价格大幅提升,2022年年初氮肥、磷肥和钾肥价格同比上涨58%、60%和250%,加之不少地区马铃薯单产下降明显,马铃薯种植者的净收益却没有明显增长。

2.1.2.9 马铃薯制品竞争力进一步提升

2022年,我国马铃薯制品进出口总额5.40亿美元,比2021年同期减少1.90亿美元。其中,出口金额4.24亿美元,同比减少0.10亿美元;进口金额1.16亿美元,同比减少1.80亿美元。出口额基本稳定,进口额剧烈下跌的原因,主要是欧美国家通胀严重、欧美国家马铃薯减产,多重因素导致马铃薯制品生产成本和进口成本大幅提升。出口产品中,冷冻薯条、脱水休闲食品等制品出口额分别增长30.97%和24.22%,连续几年快速增长,逐渐成为主要的出口创汇产品,中国马铃薯加工制品的国际竞争力进一步提升。

2.1.3 我国马铃薯生产发展展望

2.1.3.1 马铃薯生产将在保证中国未来粮食安全和抵御自然灾害方面发挥重要作用

水稻、玉米、小麦是中国传统的三大粮食作物,近几年保持了较高的单产记录,但在北方水资源缺乏和极端天气增多的情况下,在今后的20年,大幅度的增产是对农业科学技术一个严峻的挑战。而马铃薯具有高产潜力大、适应性广、营养平衡等优点,

可以在保证中国未来解决粮食安全问题和抵御自然灾害方面发挥重要作用。

2.1.3.2 马铃薯生产具有大幅度增加单产、扩大种植面积的潜力

目前，中国是世界上种植马铃薯面积最大的国家，总面积占全球种植面积的1/4左右，总产量占世界的1/5，单产水平较低，是发达国家的1/3~1/2，因此随着农业科学技术的发展，中国在马铃薯单产方面还有很大的提升空间。另外，由于马铃薯生长期较短，中国南方数亿亩的冬闲水稻田中一部分可以种植一季马铃薯而不影响水稻生产，故增加种植面积有较大的潜力。

2.1.3.3 国内需求将不断增加

目前，我国马铃薯最主要的消费方式仍是鲜薯菜用，部分地区当作主食，随着人们对马铃薯营养水平认识的提高，马铃薯的消费量也会相应地增加。另外，我国目前马铃薯加工深度依然不够，以加工形式消费的马铃薯占比相对较少。由于我国有着较大的人口基数，随着居民收入水平的提高，人们对马铃薯加工产品的消费也将大大提高，对加工原料薯的需求将进一步提高。主要有以下5个方面。

（1）鲜薯。随着农村人口的减少、城市人口的不断增加，作为蔬菜的马铃薯消费量将继续增加。

（2）精淀粉。作为工业和食品加工用原料，目前我国马铃薯精淀粉需求量每年在50万~60万t，并有逐年增加的趋势。如果能把马铃薯淀粉经深加工转化为变性淀粉，国内淀粉需求量将更大。

（3）薯片、薯条等休闲食品。随着中国经济的发展，越来越多的人，特别是青少年，将接受薯片、薯条等休闲食品。特别是速冻薯条，在欧美国家，30%~40%的马铃薯是以这种方式消费的，而中国目前只有在麦当劳、肯德基等西式快餐中才能吃到速冻薯条，因此增加潜力巨大。

（4）全粉。脱水的马铃薯制品如全粉等产品将广泛应用于食品加工，如婴儿食品、土豆泥和小吃等。目前我国这类食品加工还处于起步阶段，尚有很大发展空间。目前已经有些加工企业开始关注马铃薯全粉的生产，随着马铃薯全粉供应得越来越充足，利用马铃薯全粉加工的产品也会随之增加，可以拉动马铃薯产业的发展。

（5）符合中国饮食习惯的马铃薯食品，如粉条、粉皮、粉丝、面条和面包等，种类和数量将会增加。

2.2 马铃薯组织培养的应用现状及前景

马铃薯的组织培养技术，与其他作物相比，是比较成熟的。通过愈伤组织培养诱导再生苗的研究已经获得成功。在进行马铃薯再生植株诱导时，选择适宜的外植体是提高诱导率的前提。多数研究结果表明，采用马铃薯的叶片、叶片轴、植株的地上茎

和块茎作为再生苗诱导的外植体源，容易获得成功。

2.2.1 马铃薯茎尖培养与脱毒

马铃薯因病毒侵染而退化严重，使植株矮化，出现花叶和卷叶等症状，导致产量下降，严重影响马铃薯的生产。为害马铃薯的病毒有 40 多种，我国马铃薯产区主要为害马铃薯的病毒有：马铃薯 X 病毒（potato virus X, PVX）、马铃薯 Y 病毒（potato virus Y, PVY）、马铃薯 A 病毒（potato virus A, PVA）、马铃薯 S 病毒（potato virus S, PVS）、马铃薯卷叶病毒（potato leaf roll virus, PLRV）、马铃薯 M 病毒（potato virus M, PVM）和马铃薯纺锤块茎类病毒（potato spindle tuber viroid, PSTVd）。一般情况下，PLRV 和 PVY 病毒能使马铃薯减产 50%~80%；PSTVd 可减产 20%~30%。目前，生产马铃薯的国家基本都利用茎尖培养技术进行马铃薯无病毒植株的培养，再利用脱毒马铃薯试管苗生产马铃薯原原种，然后继续生产其他级别的种薯，最终作为脱毒种薯应用于马铃薯商品薯生产，可大幅度提高马铃薯产量和品质。

2.2.2 脱毒马铃薯试管微型薯生产

试管微型薯（microtuber）是指用脱毒试管苗在试管（或组培瓶等容器）中生产的微小的脱毒马铃薯，也称为试管薯。试管微型薯的特点是种性好、实用价值高、繁殖速度快、效率高，休眠期长，利于种薯交流和保存；体积小，重量轻，使运输费用和用种量降低。试管微型薯一般有 3 个主要用途，即一是使种薯微型化。微型薯具有大种薯生长发育的特征特性，且已脱毒，是马铃薯良种繁育的有效措施。二是易于病毒检测。试管微型薯不携带病毒，可作为各种病原鉴定和检测的指示或对照材料。三是利于种质交换。试管薯可长期保存，体积小，便于运输。试管微型薯的主要生产步骤是：①单茎节培育壮苗。试管苗茎段（1~2 片叶）在固体 MS 培养基中生长，形成壮苗。培养条件为 22 ℃，16 h/d 光照，光强 2 000 lx。②壮苗增殖。壮苗茎切段在液体或固体 MS 培养基上增殖扩繁。③试管薯诱导。液体或固体 MS 培养基中添加氯化氯胆碱（chlorocholine chloride, CCC）500~700 mg/L 和 6-苄基腺嘌呤（6-benzy laminopurine, 6-BA）3.0~10.0 mg/L，或添加香豆素 50~100 mg/L，黑暗条件下培养，即可形成试管微型薯。当然，也有很多其他的试管薯生产、诱导方法。

关于马铃薯试管薯的详细介绍见"8 马铃薯试管微型薯生产"部分。

2.2.3 马铃薯胚胎培养

马铃薯种间杂交是将马铃薯野生资源和近缘栽培种基因引入栽培马铃薯的途径之一。但杂种胚常常发育不良或胚与胚乳不亲和，致使胚早期败育，无法获得杂种。胚胎培养是产生种间杂种的有效途径，此外，利用未授粉子房培养，诱导孤雌生殖（parthenogenesis），还可形成单倍体植株，为马铃薯倍性育种提供有效途径。

2.2.3.1 幼胚培养

受精 10 d 以上的浆果籽粒（含胚及胚乳）经灭菌处理后，接种在 MS+IAA 0.2 mg/L+ 赤霉素（GA$_3$）0.25 mg/L+ 蔗糖 50~80 mg/L+ 琼脂 0.7% 的培养基中，在 23~27 ℃下，先进行 25 d 暗培养，再进行 1 000~3 000 lx 的连续光照，可使杂种胚发育成熟，形成杂种植株。

2.2.3.2 胚乳培养

在 MS+ 萘乙酸（NAA）2.0 mg/L+6-BA 0.1 mg/L+［水解酪蛋白（CH）500 mg/L］+ 蔗糖 5% 的培养基上进行马铃薯胚乳培养，可获得愈伤组织，进一步形成芽或小植株。未成熟胚乳培养时，胚乳愈伤组织的诱导不需要胚的参加，低浓度（0.1 mol/L）GA$_3$ 有利于马铃薯胚乳愈伤组织分化芽和小植株。

2.2.3.3 子房培养

未授粉子房经过培养可形成愈伤组织，进一步分化形成单倍体植株。子房培养的愈伤组织诱导率很高，达 70%~100%，但愈伤组织的绿苗率却很低，仅为 2.8%~3.3%。愈伤组织能否诱导形成绿苗，品种是关键，培养基组成是重要影响因素。

2.2.4 马铃薯细胞培养

马铃薯细胞培养为突变体的筛选、原生质体的分离和培养、遗传转化等提供了良好的试验体系。细胞培养有悬浮细胞培养和单细胞培养。

2.2.4.1 悬浮细胞培养

马铃薯悬浮细胞系的建立步骤为：无菌苗培养、愈伤组织诱导和继代、愈伤组织细胞的悬浮培养。高质量悬浮细胞系的建立主要受诱导愈伤组织的无菌苗苗龄、培养基、愈伤组织继代次数等因素影响。20 d 苗龄的试管苗产生的愈伤组织继代 3~5 次，可建立良好的悬浮细胞系。MS 培养基中添加 2.0 mg/L 2,4- 二氯苯氧乙酸（2,4–dichlorophenoxyacetic acid, 2,4–D）和 0.4 mg/L 6–BA，可提高愈伤组织的分裂和生长速度。

用于悬浮培养的愈伤组织被夹碎后，置于液体培养基（MS+2,4–D 2.0 mg/L +NAA 1.0 mg/L+CH 250 mg/L+ 蔗糖 3%）中，在 120 r/min 振荡、（24±2）℃、弱光或黑暗条件下培养，每 5 d 继代一次（新旧培养基体积比 3∶1 为宜，否则细胞会大量解体死亡）。悬浮培养细胞的生长呈典型的"S"形曲线。一般最初生长缓慢，3~4 周后分裂速度加快，分散程度增加。良好的细胞悬浮培养物为淡黄（绿）色，细胞团由数个到十多个细胞组成，细胞团边缘的细胞分裂旺盛，细胞质浓厚。细胞质浓厚的细胞可持续分裂，高度液泡化细胞、细长形细胞则无分裂能力。

2.2.4.2 单细胞培养

马铃薯单细胞培养成功的关键是悬浮细胞系要生长旺盛,具有分化能力。悬浮细胞分离的方法有静置法和过滤法,过滤网的孔径应小于100目(150 μm)。分离的单细胞可进行平板、液体浅层、固-液双层及看护培养。单细胞持续分裂,形成约5 mm大小的愈伤组织块后,可将其转移至分化培养基中诱导绿芽,进一步长成小植株。

2.2.5 马铃薯花药培养

马铃薯家族中74%的遗传资源存在于二倍体野生种和近缘栽培种中,与四倍体栽培种倍性不同,导致杂交不亲和而不能直接利用,使种质的转移和外源基因的引进受到很大限制,严重限制了优良品种的选育。四倍体栽培种通过花药培养产生的双单倍体,遗传行为与正常二倍体相似,能够与二倍体野生种杂交,有效地利用了二倍体资源,将丰富的野生资源库中有价值的性状基因转移到栽培种中,从而丰富遗传基础,扩大遗传背景,而且利用双单倍体可使隐性基因得以表达。因此,马铃薯花药培养技术在马铃薯的遗传育种和生物技术研究中具有重要的理论意义与实践意义。

2.2.6 马铃薯遗传转化

在自然条件下,马铃薯的产量受到多种因素的影响,病虫害、干旱、低温等生物和非生物逆境胁迫对马铃薯的影响尤为突出,是影响马铃薯生长和产量的最主要的环境因子。

日益增加的粮食需求导致了土地利用的巨大压力,如何有效地利用有限的土地、提高农作物产量、节约淡水资源等已成为我国农业生产和生态环境中需要迫切解决的问题。然而,现有的马铃薯种质资源中缺乏优异的基因资源,采用常规育种技术,耗时费力、困难大。随着生物技术的迅猛发展,转基因技术已成为培育马铃薯新品种的最有效途径。转基因技术可以打破物种界限,对基因进行定向改造和重组,对品种的抗性、品质、产量等性状进行协调改良,在缓解资源约束、保障粮食安全和保护生态环境等方面具有重要的价值。目前世界上许多国家都将发展转基因生物产业作为推动农业产业升级和提高农产品竞争力的战略举措。

发达国家特别是美国培育推广转基因作物的实践已经证明,转基因技术培育新品种是可显著提高作物抗病虫及抗逆能力、大幅度提高产量和改善品质的最现实有效的途径。我国也已经建立了马铃薯高效的遗传转化体系,形成了高效、安全的转基因技术体系,并创制了一大批优质、抗病、抗虫、抗旱、耐盐、抗除草剂的转基因马铃薯新品种、新品系和新材料。未来,转基因马铃薯很有可能在生产上大面积推广,取得巨大的社会效益、经济效益、生态效益,为保障我国粮食安全、生态安全和农民增收,开辟新的途径。

2.2.7 植物组培苗的遗传稳定性

遗传稳定性即保持原有物种特性的问题，是植物组织培养的基本特性和要求。植物组织培养中可获得大量形态、生理特性不变的植株。但在愈伤组织或悬浮诱导培养过程中，经常会出现一些变异个体，其中有些变异是有益的，而更多的是不良变异，譬如造成观赏植物不开花、花小或花色不正，果树不结果、抗性下降或果小、产量低、品质差等，给生产造成很大损失。因此，组培苗的遗传稳定性是植物组织培养的一个重要问题。在马铃薯组织培养和工厂化育苗过程中应给予足够的重视。

2.2.7.1 影响组培苗遗传稳定性的因素

（1）基因型。基因型不同，发生变异的频率也不同。如在玉簪组培过程中，杂色叶培养的变异频率为43%，而绿色叶仅为1.2%；香龙血树愈伤组织培养再生植株全部发生变异。嵌合体植株通过组培，其嵌合性变异更大。单倍体和多倍体变异大于二倍体。同一植株的不同器官的外植体对无性系变异率也有影响，在菠萝组织培养中，来自幼果的再生植株几乎100%出现变异，而来自冠芽的再生植株的变异率只有7%。上述情况表明，或许从分化水平高的组织产生的无性系较从分生组织产生的无性系更容易出现变异。

（2）继代次数与继代时间。试管苗继代培养的次数和时间影响植物的稳定性，是造成变异的关键因素。一般随着继代次数和时间的增加，变异频率不断提高。研究表明，变异往往出现在由年龄渐老的培养物所再生的植株中，而由幼龄培养物再生的植株一般较少发生变异。另外，长期营养繁殖的植物变异率较高，有人认为这是由于在外植体的体细胞中已经积累了遗传变异。

（3）离体器官发生方式。离体器官的发生方式有多种类型，茎尖、茎段等以发生不定芽的方式繁殖，不易发生变异或变异率极低。甘肃农业大学通过节培法繁殖名贵葡萄品种，经5~8年继代培养，其变异频率与常规方法相同，在数万株葡萄中仅发现1株变异。菊花通过茎尖、腋芽培养的变异率较低，而从花瓣诱导的植株的变异率则较高。通过胚状体发生途径再生植株的变异率较低，而通过愈伤组织和悬浮培养分化不定芽的方式而获得再生植株的变异率较高。

（4）植物生长调节剂。培养基中的外源激素是诱导体细胞无性系变异的重要原因之一。一般认为，较低浓度的外源激素能够有选择地刺激多倍体细胞的有丝分裂，而较高浓度的外源激素则能抑制多倍体细胞的有丝分裂。国外有学者的研究指出，2,4-D的作用浓度为0.25 mg/L时，能够增加多倍体细胞的有丝分裂，减少二倍体细胞的有丝分裂；但若2,4-D的作用浓度为20 mg/L，则能促进二倍体细胞的有丝分裂。

2.2.7.2 减少变异，提高遗传稳定性的措施

在组培工厂化快速繁殖过程中，产生大量与亲本性状完全一致的个体是很重要的。

进行植物快速微繁时,应尽量采用不易发生体细胞变异的增殖途径,以减少或避免植物个体或细胞发生变异。

具体措施如下。

(1)采用生长点、腋芽生枝、胚状体等繁殖方式,可有效减少变异。

(2)缩短继代时间,限制继代次数,每隔一定继代次数后重新进行初代培养。

(3)取幼龄的外植体材料。

(4)采用适当的激素种类和较低的浓度。

(5)培养基中减少或不使用容易引起诱变的化学物质。

(6)定期检测,及时剔除生理、形态异常苗,并进行多年跟踪检测,调查再生植株开花结实特性,以确定其生物学性状和经济性状是否稳定。

▶ 思考与练习 ◀

1. 植物组织培养在马铃薯上有哪些应用?
2. 马铃薯退化的原因是什么?应如何解决退化问题?
3. 如何避免或减少马铃薯组培过程中产生的变异?

3 植物组织培养实验室的设施及基本操作

3.1 植物组织培养实验室结构与组成

植物组织培养是在无菌条件下对植物某一器官、组织或细胞进行培养，使其生长分化形成完整植株的过程，需要专门的操作场所和专业设备创造的无菌环境、无菌器具，并在人工控制的温度、光照、湿度等培养条件下进行，同时需要建立一套完善的操作技术规程，才能保障组织培养工作的顺利进行。

3.1.1 组织培养实验室的设计原则与总体要求

3.1.1.1 设计原则

（1）防止污染。杂菌污染是组织培养的天敌，只有控制住污染才有成功的可能。

（2）按照工艺流程科学设计，使之经济、实用和高效。

（3）结构和布局合理，工作方便，节能、安全、环保。

（4）规划设计应与工作目的、规模及当地条件等相适应。

3.1.1.2 总体要求

（1）实验室选址时要避开污染源，且水电供应充足，交通运输要便利。

（2）保证实验室环境清洁，从根本上有效控制污染。这是组织培养成功的最基本要求。否则会使植物组织培养遭受不同程度甚至是不可挽回的损失。因此，过道、设备防尘，外来空气的过滤装置等设计是非常必要的。

（3）建造实验室时，应采用产生灰尘最少的建筑材料；墙壁和天花板、地面的交界处宜做成弧形便于日常清洁；管道要尽量暗装，并安排好暗敷管道的走向，便于日后的维修，并能确保在维修时不造成污染；洗手池、下水道的位置要适宜，下水道的开口位置应对实验室的洁净度影响最小，并有避免污染的措施；设置防止昆虫、鸟类、鼠类等动物进入的设施。

（4）接种室、培养室的装修材料须经得起消毒、清洁和冲洗，并设置能确保与其洁净度相应的控温、控湿设备、设施。

（5）实验室电源应经专业部门设计、安装和验收合格之后方可使用。应有备用电源，确保停电时能继续操作。

（6）实验室必须满足实验准备（器皿的洗涤与存放、培养基制备和无菌操作、用具的消毒灭菌）、无菌操作和控制培养三项基本工作的需要。高压灭菌锅的使用需要持证上岗，具有特种设备使用许可证的人员才可以操作。

（7）实验室各分室的大小、比例要合理。一般要求培养室与其他分室（除驯化室外）的面积之比为 3∶2；培养室的有效面积（即培养架所占面积，一般占培养室总面积的 2/3）与生产规模相适应。

（8）实验室的采光、控温方式应与气候条件相适应。不同地区的气候条件不同，光照强度各异，季节间差异也较大，设计时应充分考虑当地不同季节的自然条件，充分利用自然条件，降低能耗，节约资金，保护环境。一般可采用人工光照或恒温控制，实验室采用密封式或半地下式，还有些地方采取透明的设计，充分利用当地的自然光，节约能源。

3.1.2 组织培养实验室的组成

一个标准的组织培养实验室一般包括准备室、洗涤室、配制室、接种室、培养室、观察室、驯化棚室等。在实际中可结合实际条件合并一部分分室。

3.1.2.1 准备室

准备室要求明亮、通风。在准备室内要完成培养基制备以及试管苗出瓶、清洗与整理等工作。如果房间较大，可将准备室分为洗涤室和配制室两个部分。

3.1.2.2 洗涤室

在洗涤室内完成玻璃器皿和其他仪器的清洗、干燥和贮存。室内应配备大型水槽，用于培养器皿的洗涤，最好是内衬白瓷砖的水泥槽。为防止碰坏玻璃器皿，可铺橡胶板，上、下水道要畅通。应备有大型塑料筐（组培筐），用于放置培养器皿。培养器皿可直接置于搁架上，便于晾干，且节约空间和便于运输工作。

3.1.2.3 配制室

配制室主要完成培养基的配制、分装、包扎和高压灭菌等工作。为完成培养基的制备工作，配制室应配备以下仪器与设备。

（1）大型工作台。其高度应方便培养基等的配制工作。

（2）药品柜。用以放置常用药品。

（3）普通冰箱。主要用于贮存母液，各种易变质、易分解的化学药品以及植物材料等。

（4）电子分析天平和托盘天平。电子分析天平的精确度为 0.001 g，用于称取大量元素、微量元素、维生素、激素等微量药品；托盘天平的精确度为 0.1 g，用于称取用量较大的糖和琼脂等。天平应放置在干燥、不受振动的固定操作台上。

（5）电蒸馏水器（纯水处理器）。采用硬质玻璃或金属制成。蒸馏水用于配制母液或培养基。配制培养基时可用自来水代替蒸馏水，若实验要求严格，则需用蒸馏水。

（6）磁力搅拌器。磁力搅拌器用于加速搅拌难溶的物质，如各种化学物质、琼脂粉等。还可加热，使之更利于溶解，提高工作效率，节约人力。

（7）恒温水浴锅。水浴锅用于难溶药品的溶解、琼脂的溶化等。若没有水浴锅，也可用 1 500 W 或 2 000 W 的电炉或电饭锅代替。

（8）酸度计。组织培养中培养基 pH 值的准确度是十分重要的，应当使用酸度计测量。若无酸度计，也可使用精密 pH 试纸进行粗测。首次使用酸度计前，应用标准液调节定位，然后固定。测量 pH 值时，待测液必须充分搅拌均匀。如果培养基温度过高，测量时要调整酸度计上的温度钮使之和培养基温度相当。注意保护好玻璃电极，用后电极应用蒸馏水冲洗干净，盖上电极帽。

（9）培养基分装设备。小型组织培养实验室可采用烧杯、漏斗等作为分装培养基的工具。也可采用医用"下口杯"作为分装工具，在"下口杯"的下口管上套一段软胶管，加一弹簧止水夹，使用时非常合用。更大规模或要求更高效率时，可考虑采用液体自动定量灌注设备。

（10）高压灭菌锅。用以进行培养基和器械用具的灭菌。小规模实验室可选用小型手提式高压灭菌锅。如果是连续的大规模生产，应选用大型立式的或卧式的高压灭菌锅。通常用电做能源。使用时，持有特种设备许可证人员才可以操作。

（11）烘箱。用于干燥洗净的玻璃器皿、高压蒸汽灭菌后需烘干的物品，也可用于干热灭菌和测定干物重。用于干燥时需保持 80~100 ℃；进行干热灭菌时需保持 150 ℃，达 1~3 h；若测定干物重，则应控制在 80 ℃烘干。

（12）恒温培养箱（光照培养箱/人工气候箱）。内有温度调节器。生化培养箱还配有光源，用于植物材料的培养。

（13）电炉、微波炉、电饭煲。主要用来加热熔化琼脂、熬制培养基等。

3.1.2.4 接种室

接种室是进行植物材料的分离接种及培养物转移的一个重要操作室，可分为缓冲间和无菌操作室两个部分。接种室无菌条件的好坏对组织培养成功与否起重要作用。

（1）缓冲间。无菌操作室应设有缓冲间，面积以 2 m^2 为宜。进入无菌操作室前在此更衣换鞋，以减少进入时带入杂菌。缓冲间最好也安一盏紫外灭菌灯，用以照射灭菌。

（2）无菌操作室。无菌操作室主要用于材料的消毒、培养物的转移、试管苗的继代及其他无菌操作实验。

无菌操作室的要求是：干净无菌、密闭、光线好。一般安装滑动门窗，使空气不致流动，防止外界杂菌和尘埃的侵入；要求地面、天花板及四壁尽可能密闭光滑，易于清洁和消毒；在适当位置安装 1~2 盏紫外线灭菌灯或者臭氧发生器等消毒灭菌设备；还要有照明设备及插座，以备临时增加设备之用。具体情况根据实际需要设计。无菌操作室一般包括以下设备。

①接种箱。在投资少的情况下，可以用接种箱来代替超净工作台。接种箱前面装有玻璃，便于操作中观察，左、右两侧各有一个孔，孔内侧有布制袖套，上方装有紫外灯和日光灯。接种箱依靠密闭、药剂熏蒸和紫外灯照射来保证内部空间无菌。但操作活动受限制，准备时间长，工作效率低，现在应用较少。接种箱也可以自行仿制。市场上多为用有机玻璃做的接种箱。

②超净工作台。超净台的优点是操作方便自如，比较舒适，工作效率高，准备时间短。开机 10 min 即可操作，可长时间使用。在工厂化生产中，接种工作量很大，需要经常长时间工作时，超净工作台是很理想的设备。超净工作台的功率为 145~260 W，它装有小型鼓风机，使空气穿过一个前置过滤器，在这里把大部分空气尘埃先过滤掉，然后再使空气穿过一个细致的高效过滤器，它除去了直径大于 0.3 μm 的尘埃、细菌和真菌孢子等。超净空气的流速为 24~30 m/min，足够防止附近空气袭扰而引起的污染，这样的流速也不会妨碍用酒精灯对器械等的灼烧消毒。在这样的无菌条件下操作，就可以保证无菌材料在转移接种过程中不受污染。

③解剖镜。解剖镜的种类较多，可使用双筒实体解剖镜分离微茎尖。双筒实体解剖镜在分离茎尖等较小组织时，便于观察、操作，通常放大 5~80 倍。放大 40 倍以上时操作需要有相当熟练的技术和较好的工具。为方便操作，要有照明装置。如果条件允许，解剖镜上最好要求带有照相装置，根据需要随时对所需材料进行摄影记录。

④无菌操作器具。按单人超净工作台上的用量计，包括酒精灯 1 个（或者小型灭菌器）；20~25 cm 长的医用镊子 1 把；4 号解剖刀 1 把，解剖刀片若干；15 cm 医用剪 1 把；500 mL 广口瓶 1 只，内放酒精，用于浸泡镊子、刀、剪等；搁置架 1 个，用于架放灼烧过的刀、镊子、剪刀；喷雾消毒器（喷壶），内装 70% 酒精对工作台面及接种用具进行喷雾灭菌等，还可放一瓶酒精棉，用于清洁器具及工作台面。

⑤置物架。存放高压蒸汽灭菌后等待接种的培养基以及培养瓶等。

3.1.2.5 培养室

培养室是将接种的材料进行培养生长的场所。培养室的大小可根据需要的培养架的大小、数目及其他附属设备而定。其设计以充分利用空间和节省能源为原则。其高度比培养架略高为宜，周围墙壁要求有绝热防火的性能。培养材料放在培养架上培养。培养架大多由金属制成，一般设 5 层，最低一层离地约 10 cm，其他每层间隔 30 cm 左右，培养架高 1.7 m 左右。一般在每层上端装置日光灯，以供照明，所以培养架的长度都是根据日光灯的长度而设计的。如采用40 W日光灯，长为1.3 m；30 W日光灯，则长1 m即可。宽度一般为60 cm。具体情况还应结合实际场所和培养架规格来确定。

培养室最重要的因素是温度，一般保持在20~27 ℃，可安装窗式或立式空调机。要求温度因培养的植物种类不同而异，为了便于培养条件的控制，培养条件差异较大的植物最好培养于不同的培养室。室内湿度也要求恒定，相对湿度一般保持在70%~80%为好，可安装加湿器。培养架上装置日光灯时，可安装时控开关（组培架定时器）控制照明时间。植物组织培养的光照强度一般为1 000~4 000 lx，每天照明10~16 h，也有的需要连续照明。

现代组培实验室大多设计为采用天然太阳光作为能源，这样不但可以节省能源，而且组培苗接受太阳光时生长良好，驯化易成活。在阴雨天则用灯光进行补充。

3.1.2.6 观察室

观察室可大可小，但一般不宜过大，以能摆放仪器和操作方便为准。要求房间安静、通风、清洁、明亮、干燥，保证光学仪器不振动、不受潮、不污染、不受光直射。观察室用于对培养材料进行细胞学或解剖学观察与鉴定；对植物材料进行摄影记录；对培养物的有效成分进行取样检测。根据试验需要，配置倒置显微镜、荧光显微镜、解剖镜、图像拍摄处理设备、离心机等。

3.1.2.7 驯化棚室

组培苗驯化移栽通常在温室或者塑料大棚内进行，其面积因生产规模而定。驯化棚室要求环境清洁，具备控温、保湿、遮阳、防虫等条件，且应采光良好。主要设备有弥雾装置、遮阳网、取暖设施（如暖气、地热线等）、移栽床（固定或活动式）等设施，还应配备塑料钵、花盆、穴盘等移栽容器和草炭等基质。

3.1.3 植物组织培养所需其他用具

3.1.3.1 玻璃器皿

配制培养基和进行组织培养需要大量的玻璃器皿，要求由碱性溶解度小的硬质玻璃制成，以保证长期贮存药品及培养的效果；组织培养用的玻璃器皿还要求透光度好，能耐高温、高压，能方便放入培养基和培养材料，不易被污染。根据培养的目的和要求，可以采用不同种类、规格的玻璃器皿，其中以试管、三角瓶、培养皿等的使用较多。在马铃薯试管苗大规模生产时，则常使用组培瓶或专门定制的组织培养容器。

最常使用的是三角瓶，规格有100 mL、250 mL、500 mL等，一般使用100 mL三角瓶，无论静止或振荡培养皆适用。其培养面积大，有利于组织生长，受光也比试管好；由于瓶口较小，也不易被污染。培养皿常用9 cm、12 cm直径等规格，要求上、下能密切吻合。在游离细胞、原生质体、花粉等的静置培养、看护培养，无菌种子的发芽，植物材料的分离等工作中都需使用培养皿。试管的常用口径为 18 mm × 180 mm 和 20 mm × 200 mm。试管可用于培养要求较高的试管苗，因管口较小不易被污染。

培养器皿还可就地取材，采用一些代用品。工厂化生产可采用广口的 250 mL 左右的罐头瓶，加盖半透明的塑料盖，由于瓶口大，因此大量繁殖时操作方便、工作效率高，也减少了培养材料的损伤。缺点是容易引起污染。

目前，培养容器和制备培养基所需的玻璃器皿逐渐被塑料器皿所代替。塑料容器具有质轻、透明、不易破碎、成本低等优点。培养容器多为平底方形盒，可增加培养的植株数，并能一层层地叠摞起来，从而节约空间。这类塑料制品多采用聚丙烯材料制成，能耐高温，可进行高压灭菌。有些产品为一次性消耗品，不但可节省洗涤人工，还可节省时间，提高效率。一次性塑料容器或带螺丝帽的玻璃瓶，无须另外配盖，使用起来非常方便，工作效率较高。

瓶口封塞可用多种方法，要求具有一定的通气性和密闭性，以防止培养基干燥和杂菌污染。以前封口常用棉塞，但这种封口办法在夏季极易受到污染，且不易保持培养基的湿度。现在多采用聚丙烯塑料膜作为封口，以线绳结扎或橡皮圈箍扎。

在组织培养中配制培养基、贮藏母液、消毒材料等需要各种化学实验用的玻璃器皿，包括 100 mL、250 mL、1 000 mL 烧杯；100 mL、1 000 mL 量筒；100 mL、1 000 mL 试剂瓶（棕色）；25 mL、50 mL、100 mL 和 500 mL 容量瓶；各种规格的移液器或移液管等。

3.1.3.2 器械用具

（1）镊子类。主要采用医疗上常用的镊子，根据操作的需要有各种类型。若用 100 mL 的三角瓶作为培养瓶，可用 20 cm 长的镊子。镊子过短，容易使手接触瓶口，造成污染；镊子太长，使用起来不灵活。某些微小部分的精细操作则用钟表镊子。如在分离茎尖幼叶时，由于钟表镊子的尖端锋利，因此几乎可代替剪刀使用。

（2）剪刀类。可采用五官科用的中型剪刀，主要用于切断茎段、叶片等。也可以用弯形剪刀，由于其头部弯曲，可以深入到瓶口中进行剪切。

（3）解剖刀。切割较小材料时可用解剖刀。分离茎尖分生组织时也可用解剖刀。常用的解剖刀刀片可以经常调换，刀口要保持锋利状态，否则切割时会造成挤压，引起周围细胞组织受伤而大量死亡，影响培养效果，降低成苗率。

（4）接种针。接种针用于深入到培养瓶中转移细胞或愈伤组织，也可用于分离（剥离）微茎尖的幼叶。市售的接种针不太适用于茎尖剥离时，可以根据实际情况自制接种针。接种针用于茎尖剥离时应选择比较细的针尖，否则茎尖剥离时操作不方便。

3.2 植物组织培养需要的条件

在植物组织培养中温度、湿度、光照、气体等各种环境条件，培养基组成、pH 值、渗透压等各种条件都会影响组培苗的生长和发育，其中培养基的成分（营养物质）见"3.3.1 培养基的成分"部分。

3.2.1 温度

温度是组织培养过程中的重要因素。组织培养在最适温度下生长、分化表现良好，大多数组织培养都是在 23~27 ℃进行，很多研究者采用了（25±2）℃的恒温条件。低于 15 ℃时培养，组织会生长停止；高于 35 ℃时对生长不利。但是，不同植物自身适应的温度条件不同，在组织培养的时候最适温度也不相同。百合的最适温度是 20 ℃，月季是 25~27 ℃，番茄是 28 ℃。温度不仅影响组培苗的生长速度，而且影响其分化增殖以及器官建成等发育进程。例如，烟草芽的形成以 28 ℃为最好，在 12 ℃以下或 33 ℃以上时形成率皆最低。

不同培养目的采用的培养温度也不同，百合鳞片在 30 ℃下再生的小鳞茎的发叶速度和百分率都比在 25 ℃下高；桃胚在 2~5 ℃条件进行一定时间的低温处理，有利于提高胚培养成活率；用 35 ℃处理草莓的茎尖分生组织 3~5 d，可得到无病毒苗。

3.2.2 光照

植物组织培养中光照也是重要的条件之一，主要表现在光照强度、光质以及光照周期等方面。

3.2.2.1 光照强度

光照强度又称"照度"，是指物体单位面积上所接受的光通量。单位为勒克斯（lx）。光照强度对培养细胞的增殖和器官的分化有重要影响。一般来说，光照强度较强，幼苗生长得粗壮；光照强度较弱，幼苗容易徒长。在植物组织培养中，常用的光照强度范围为 3 000~4 000 lx。

3.2.2.2 光质

光质对愈伤组织的诱导和培养组织的增殖以及器官的分化都有明显的影响。在培养过程中，红光和蓝光都能刺激不定芽的形成，而接近紫外光线的光（300~400 nm）则会产生多种不利影响。如百合球芽在红光下培养 8 周后分化出愈伤组织，但在蓝光下培养，几周后才出现愈伤组织。而菖蒲子球块接种 15 d 后，在蓝光下培养，首先出现芽，形成的幼苗生长旺盛；而白光下，幼苗则比较纤细。应针对不同材料和不同培养阶段，根据不同的培养目的选择合适的光质进行培养。

3.2.2.3 光照周期

培养试管苗时要选用一定的光照周期来进行组织培养，最常用的周期是 16 h 的光照，8 h 的黑暗。研究表明，对短日照敏感的品种的器官组织在短日照下易分化，而在长日照下产生愈伤组织。

3.2.3 湿度

湿度的影响包括培养容器和环境的湿度条件。容器内主要受培养基水分含量和封口材料的影响，而前者又受琼脂含量的影响。在冬季应适当减少琼脂用量，否则，将使培养基干硬，以致不利于外植体接触或插进培养基，导致生长发育受阻。封口材料直接影响容器内的湿度情况，但封闭度较高的封口材料易引起通透性受阻，也会使培养材料的生长发育受到影响。

环境的相对湿度可以影响培养基的水分蒸发，一般要求 70%~80% 的相对湿度，湿度过低会使培养基丧失大量水分，导致培养基各种成分浓度的改变和渗透压的升高，进而影响组织培养的正常进行；而湿度过高时，易引起霉菌滋生，造成污染。

3.2.4 渗透压 3

培养基添加的盐类、蔗糖、甘露糖及聚乙二醇一类高分子化合物影响渗透压的变化。培养基的渗透压影响植物细胞脱分化、再分化及器官的形成。培养细胞是通过培养基的渗透压来吸取营养的，只有培养材料和培养基之间处于等渗或略低于培养基的渗透压时，培养材料才有可能从培养基中汲取养分和水分。1~2 个大气压对生长有促进作用，2 个大气压以上就对生长有阻碍作用，5~6 个大气压时生长完全停止，6 个大气压时细胞就不能生存。

糖对培养基的渗透压起决定性作用，因为糖不仅是渗透压调节物质，也是培养基的碳源和能源。离体培养中使用最多的是蔗糖，也可以用葡萄糖和果糖。培养基中的糖浓度因培养材料和培养目的而定，多数植物的适宜浓度为 2%~6%。根分化所用糖浓度较低，一般为 2%~3%。在组培苗工厂化生产中，为了降低生产成本可以采用普通白糖代替蔗糖。

3.2.5 pH 值

不同的植物对培养基最适 pH 值的要求也是不同的（表 3-1），大多在 5~6。一般培养基 pH 值 5.8 左右基本能适应大多数植物培养的需要。

表3-1　不同植物的最适pH值

种类	最适pH值	种类	最适pH值
杜鹃	4.0	月季	5.8
越橘	4.5	胡萝卜、石刁柏	6.0
蚕豆	5.5	桃	7.0
番茄、葡萄	5.7	马铃薯	5.8

最适pH值因植物材料而异，也因培养基的组成而不同。以硝态氮做氮源和以铵态氮做氮源就不一样，后者的pH值较高一些。一般来说，当pH值高于6.5时，培养基会变硬；低于5时，琼脂不能很好地凝固。因为高温灭菌会降低pH值（0.2~0.3），因此在配制时常提高pH值0.2~0.3。可用氢氧化钠（NaOH）和盐酸（HCl）来调整pH值，调节时要充分搅拌均匀。

3.2.6　气体成分

培养容器内的气体成分也可影响培养物的生长和分化。固体培养和液体静置培养时，应有部分组织与空气接触，振荡培养是解决液体培养通气状况的良好方法。

氧气是愈伤组织生长所必需的。固体培养、液体静置培养中，愈伤组织完全浸没在培养基中会使生长不能进行。瓶盖完全封闭时会影响到氧气的供应而妨碍生长。氧气在调节器官发生中也有重要作用，当培养基中氧浓度低于临界水平时，利于形成胚状体；反之，则利于形成根。另外，高浓度的乙烯对正常的形态发生不利。因此，在组织培养工作中要考虑培养过程中的通气问题。

为解决通气问题，可用附有滤气膜的封口材料。通气效果最好的封口材料是棉塞，但棉塞易使培养基干燥，夏季易引起污染。固体培养基可加进活性炭来增加通气度，以利于发根。培养室应经常换气，改善室内的通气状况。液体振荡培养时，要考虑振荡的次数、振幅等，同时要考虑容器的类型、培养基等。

3.3　植物组织培养基本操作

植物组织培养的基本操作一般包括培养基的配制、外植体的选择与处理、灭菌、接种、培养和组培苗的驯化与移栽等环节。

3.3.1　培养基的成分

正常生长在大自然中的植物需要扎根于土地来汲取营养和水分，从而实现其正常的生长、发育。相较于在大自然中生长的植物，对于组织培养的植物材料来讲，培养基就是植物组织培养中的"血液"或"泥土",其成分及供应状况直接关系到培养物的生长与分化,因此了解培养基的成分、特点及其配制方法至关重要。自然状态下生长的绿色植物由于自身能进行光合作用,并且能合成植物生长发育所需的几乎所有有机成分,加上土壤中含有较全面的无机和有机营养成分,所以只需在适当的时候施加少量的无机和有机肥,植物就可良好生长。但是,在进行植物组织培养时,只是切取植物体的一小部分,它们无法合成生长发育所需要的全部物质,加上人们对植物体的各种组织和器官所需营养成分了解甚少,因此对培养基的组成成分的探索走过了一条十分艰苦而漫长的道路,至今人们还不能达到完全自主的阶段。在所有报道的培养基中,没有任何一种培养基能够适合所有类型的植物组织和器官,也没有实现对所有的植物都能通过组织培养使其再生的目的。由于植物的多样性和生长环境的复杂性与多变性,也不可能有一种万能的培养基。目前所使用的培养基有10余种,大部分都是在前人研究的基础上经过分析综合和改进而成的。例如,White 培养基是 Uspenski 和 Uspenskaia 的藻类培养基演化的结果,被广泛用于根的培养;Gautheret 培养基是建立在 Knop 营养液基础上的。在此之后使用的培养基大部分是在 White 和 Gautheret 培养基的基础上改进而成。

就目前所使用的各种培养基而言,可将它们的营养成分划分为4大类,一是无机营养成分(包括大量元素、微量元素和铁盐);二是有机营养成分(包括维生素、氨基酸等);三是植物生长调节物质;四是碳水化合物。除此之外,在部分培养基中还添加有活性炭、渗透压调节剂,或一些天然的植物组织提取物(如椰汁、马铃薯汁等,是混合成分)。

培养基可分为固体培养基、液体培养基和半固体培养基。固体培养基成分主要包括水分、无机盐类、有机营养成分、植物生长调节物质、碳源、凝固剂等。液体培养基的营养成分与固体培养基相同,只是不添加凝固剂。半固体培养基则是在液体培养基中加入0.2%~0.5%琼脂制成(比固体培养基添加的凝固剂要少)。配制何种培养基因培养材料和培养目的而异。

总之,培养基是决定组织培养成败的关键因素之一。因此,了解培养基的组成并筛选合适的培养基对植物组织培养能否成功是极其重要的。

3.3.1.1 水分

培养基的主要成分是水分,水分既是培养物生命活动必需的成分,也是各种成分溶解所必需的介质,同时提供氧(O)、氢(H)两种元素。在研究上,常利用蒸馏水来配制培养基。如果以生产为目的,也可以使用水质好的自来水代替蒸馏水,以节约生产成本,但应注意水的硬度和酸碱度。

3.3.1.2 无机营养

无机营养成分就是人们平时所说的矿物质、无机盐或无机元素。它们在植物生活中具有非常重要的作用，如氮（N）、硫（S）、磷（P）是蛋白质、氨基酸、核酸和许多生物催化剂即酶的主要或重要组分。它们与蛋白质、氨基酸、核酸和酶的结构、功能、活性等有直接的关系。氮占蛋白质含量的16%~18%，在植物生命活动中占有首要的地位，故又称为生命元素。磷是"能量货币"腺苷三磷酸（ATP）的主要成分之一，与全部生命活动紧密相连，在糖代谢、氮代谢、脂肪转变等过程中不可缺少。钾对于参与活体植物内各种重要反应的酶起着活化剂的作用，钾供应充分时糖类合成加强，纤维素和木质素含量提高，茎秆坚韧，植株健壮。胱氨酸、半胱氨酸、蛋氨酸等氨基酸中都含有硫，这些氨基酸几乎是所有蛋白质的构成分子。镁离子（Mg^{2+}）是叶绿素分子结构的一部分，缺少镁，叶绿素就不能形成，叶片就会失绿，不能进行光合作用。镁也是染色体的组成成分，在细胞分裂过程中起作用。钙（Ca）是细胞壁的组分之一，果胶酸钙是植物细胞胞间层的主要成分，缺钙时细胞分裂受到影响，细胞壁形成受阻，严重时幼芽、幼根会溃烂坏死。现代生物学研究还证明钙是植物体内的信号分子（信使）之一，在植物信号转导中发挥重要作用，钙离子与钙调蛋白结合形成的$Ca^{2+} \cdot CaM$复合体，能活化各种酶，调节植物对外界环境的反应与应答过程。

根据植物对这些元素需要量的不同或者根据目前植物培养基中添加的这些元素量的大小，可将它们分成大量元素和微量元素。大量元素一般指在培养基中的浓度大于0.5 mmol/L的元素，微量元素指小于0.5 mmol/L的元素。

（1）大量元素。主要包括氮（N）、磷（P）、钾（K）、钙（Ca）、镁（Mg）和硫（S）六种。其中，氮常以硝态氮（NO_3^-）或氨态氮（NH_4^+），或两者相互配合的形式存在。缺氮时某些植物的愈伤组织会出现一种很引人注目的花色素苷的颜色，愈伤组织内部不能形成导管。镁常以$MgSO_4 \cdot 7H_2O$的形式，同时提供镁和硫两种元素。磷常以$NaH_2PO_4 \cdot H_2O$、KH_2PO_4或$(NH_4)H_2PO_4$的形式提供。钾常以KCl、KNO_3或KH_2PO_4的形式提供。钙常以$CaCl_2 \cdot 2H_2O$、$Ca(NO_3)_2 \cdot 4H_2O$或其他无水形式提供。缺硫时培养的植物组织会明显退绿；缺磷或钾时细胞会过度生长，愈伤组织表现出极其蓬松的状态。

（2）微量元素。培养基中的微量元素主要包括铁（Fe）、锰（Mn）、铜（Cu）、锌（Zn）、氯（Cl）、硼（B）和钼（Mo）等。这些元素有的对生命活动的某个过程十分有用，有的对蛋白质或酶的生物活性十分重要，有的是参与某些生物过程的调节。Fe有两个重要功能，作为酶的重要组成成分和合成叶绿素所必需的成分，缺铁时细胞分裂停止。Mn对糖酵解中的某些酶有活化作用，是三羧酸循环中某些酶和硝酸还原酶的活化剂。B能促进糖的过膜运输，影响植物的有性生殖，如花器官的发育和受精作用。B还具有抑制有毒的酚类化合物的形成的作用，改善某些植物组织的培养状况，缺硼时细胞分裂停滞，愈伤表现出老化现象。Zn是吲哚乙酸生物合成必需的，也是谷氨酸脱氢酶、乙醇脱氢酶等的活化剂。Cu是细胞色素氧化酶、多酚氧化酶等氧化酶的成分,可影响氧化还原过程。Mo 是硝酸还原酶和钼铁蛋白的金属成分。Cl 在光合作用的水光解过程中起活化剂的作用,促进氧的释放和还原型辅酶Ⅱ(NADP)。为了某些植物组织培养的特殊需要,有人还把钠(Na)、镍(Ni)、钴(Co)、碘(I)等也加入微量元素的行列。Na 对某些盐生植物、C_4 植物和景天酸代谢植物是必需的。Ni 对尿酸酶(urease)的结构和功能是必需的。但是有些成分的作用至今还不十分清楚,可人们仍然把它们加入培养基中,如碘(I)和钴(Co)等。Fe 作为一种微量元素,对植物也是必需的,但由于 Fe 的特殊性质,即很不稳定、易沉淀,需要在酸性条件下才能比较稳定,故在培养基配制时常把 Fe 盐单独配制,且常以螯合物的形式,把 $FeSO_4$ 和它的螯合剂乙二胺四乙酸钠(Na_2-EDTA)先分别配成溶液,再相互混合使其形成螯合铁,以防止沉淀和帮助被植物吸收。但 EDTA 可能对某些酶系统和培养物的形成有一定的作用,使用时应慎重。

为了使用方便,无论是大量元素还是微量元素都常常是先配制成母液(即比实际培养基中的使用浓度高的贮存液),贮存在 4 ℃冰箱内或在室温下短期存放,配制培养基时再根据母液浓度进行稀释。

3.3.1.3 有机营养

(1)碳源。所有的植物组织培养基都需要有碳水化合物作为能源,但当培养物通过光合作用提供的 CO_2 能够维持生长时可不在培养基上加碳源,不过这种情况是很少见的。用作碳源的碳水化合物通常为蔗糖或 D-葡萄糖,用量通常为 2%~4%,高者可达 5%,亦可用市售的白糖来代替,但一般应增加用量,而且最好用比较固定的厂家生产的产品,以保证实验的稳定性,在生产上可以使用白糖作为碳源以节约成本。在换用一批新的市售白糖时最好先做预试验,以防在大量使用时出现问题,伤害培养材料,造成不必要的损失。因为市售白糖是一种混合物,成分复杂且不稳定。几乎所有的培养物在蔗糖作为碳源时生长都比较好,只有少数植物或组织更适合在葡萄糖或果糖作为碳源的培养基上生长。也有用麦芽糖、半乳糖、甘露糖、山梨醇和乳糖作为碳源的。蔗糖在经高温灭菌后,会发生部分降解,产生 D-葡萄糖和 D 果糖等,与用过滤法灭菌相比,可能会出现一些不同的实验结果,但这并不说明高温灭菌与过滤灭菌哪一种方式更好。如果要进行比较严格、精确的实验,最好用过滤法对蔗糖进行灭菌,除此之外在大部分情况下蔗糖可与培养基一起进行高温灭菌。研究表明蔗糖作为碳源不仅影响到培养物的营养状况,而且在某些情况下还会影响到细胞的分化。例如,在进行叶用莴苣的髓细胞培养时,诱导木质部分化的适宜浓度为 2 g/L,但要让木质部进一步发育则最好再提高蔗糖浓度,这样才能更有利于木质部的形成。木质部成分的分化,特别是管胞分子的分化形成,往往是器官发生的先决条件。

蔗糖、葡萄糖、白糖等的纯度问题,现在也引起了人们的注意。因为在结晶时,它往往包藏有痕量的有机物如氨基酸等,这些虽然不会使实验受到很大影响,但有时可能会影响到实验结果的分析,在使用时应注意这一点。

(2)维生素等其他营养物质。有机营养成分包括维生素、氨基酸或某些有机混合物。维生素在某些酶系统中有催化作用,加速酶功能的发挥。硫胺素(维生素 B_1)几乎是所有植物都需要的一种维生素,缺少维生素 B_1 时离体培养的根就不能生长或生长十分缓慢。维生素 B_1 常常以盐酸盐的形式(即盐酸硫胺素)加入培养基中。盐酸吡哆醇(维生素 B_6)和烟酸可能有刺激生长的作用。除维生素 B_1、维生素 B_6 之外,在部分培养基中还添加氨酰苯甲酸、维生素 C(抗坏血酸)、维生素 E(生育酚)、维生素 H(生物素)、维生素 B_{12}(氰钴胺酸)、维生素 B_9(叶酸)、维生素 B_2(核黄素)、泛酸钙和氯化胆碱等维生素。除叶酸外,各种维生素都溶于水,叶酸需要先用少量稀氨水溶解,再加蒸馏水定容。甘氨酸(氨基乙酸)和肌醇(环己六醇)也是一些培养基的添加成分。

3.3.1.4 植物生长调节物质

植物生长调节物质是一些调节植物生长发育的物质。植物生长物质可分为两类,一类是植物激素,另一类是植物生长调节剂。植物激素是指自然状态下植物体内合成,并从产生处运送到别处,对生长发育产生显著作用的微量(1 μmol/L 以下)物质;植物生长调节剂是指一些具有植物激素活性的人工合成的物质。但在平常工作中人们并没有将它们严格区分开来,而笼统称之为"激素""植物激素"或"植物生长调节物质"。这类物质既可以刺激植物生长,也可抑制植物的生长,对植物的生命活动真正起到调节作用。在植物组织培养中使用的生长调节物质主要有生长素类和细胞分裂素类两大类,少数培养基中还添加了赤霉素 GA_3 等。

(1)生长素。生长素在植物体中的合成部位是叶原基、嫩叶和发育中的种子。成熟叶片和根尖也产生很微量的生长素。在植物组织培养中,生长素主要被用作诱导刺激细胞分裂和根的分化。在植物组织培养中常用的生长素有:萘乙酸(NAA)、吲哚乙酸(IAA)、吲哚丁酸(IBA)、萘氧乙酸(NOA)、对氯苯氧乙酸(P-CPA)、2,4-二氯苯氧乙酸(2,4-D)、2,4,5-三氯苯氧乙酸(2,4,5-T)、4-氨基-3,5,6-二氯吡哆甲酸(毒莠定)等。NAA 有 α 和 β 两种形式,是由人工合成的,培养基中用 α-型,因此,在配制培养基时需加入 α-萘乙酸。与 IBA 相比,NAA 诱发根的能力较弱,诱发的根少而粗,但对某些植物如杨树等却具有很好的效果。IBA 在根的诱导与生长上作用强烈,作用时间长,诱发的根多而长,特别有效,但也不可一概而论。IBA 是人工合成的生长素,可能会被光迅速分解或被酶所氧化,由于培养基中可能有氧化酶存在,所以在使用浓度上应相对较高(1~30 mg/L)。对愈伤组织增殖最有效的是 2,4-D,特别是对单子叶植物,$1 \times 10^{-7} \sim 1 \times 10^{-5}$ mol/L 即可以诱导产生愈伤组织,常常不需再加细胞分裂素。但 2,4-D 是一种极有效的器官发生抑制剂,不能用于启动根和芽分化的培养基中。毒莠定比 2,4-D 具有更多的优越性。它是一种水溶性的生长素,最先作为除草剂使用，在组织培养中比 2,4-D 的浓度更低即有效，在有效浓度范围内对培养的植物细胞具有更少毒副作用，可使愈伤组织直接分化产生植株。

（2）细胞分裂素。细胞分裂素是腺嘌呤（adenine，也称为 6-氨基嘌呤）的衍生物。腺嘌呤的第 6 位氨基、第 2 位碳原子和第 9 位氮原子上的氢原子可以被不同的基团所取代，当被取代时就会形成各种不同的细胞分裂素，因此，确切地讲应该叫细胞分裂素类物质。植物和微生物中都含有细胞分裂素。细胞分裂素在植物生长发育的各个时期均可表现出它的调节作用。由于它是一种腺嘌呤的衍生物，所以人们联想到它的调节作用可能与其对核酸的影响有关。它可以影响某些酶的活性，可以影响植物体内的物质运输，可以调控细胞器的发生，还可以打破某些植物种子的休眠和延缓叶片的衰老。现代生物学研究初步证明，细胞分裂素可以结合到高等植物的核糖核蛋白体上，促进核糖体与 mRNA 的结合，加快翻译速度，从而促进蛋白质的生物合成。它还可以与细胞膜和细胞核结合，影响细胞的分裂、生长与分化。在转移 RNA（tRNA）分子的反密码子附近发现有细胞分裂素的结合位点，这可能预示着细胞分裂素在基因表达的翻译水平上具有调节作用。其实，细胞分裂素本身就是 tRNA 的组成部分，植物 tRNA 中的细胞分裂素就有异戊烯基腺苷、反式玉米素核苷、甲硫基异戊烯基腺苷和甲硫基玉米素核苷等数种。

自然情况下，细胞分裂素主要在根中合成，但根并不是唯一的合成部位，茎端、萌发中的种子、发育中的果实和种子也能合成。

在组织培养中使用细胞分裂素的主要目的是刺激细胞分裂，诱导芽的分化、叶片扩大和茎长高，抑制根的生长。培养基中经常使用的天然的细胞分裂素主要有：从甜玉米未成熟种子或其他植物中分离到的玉米素［6-（4-羟基-3-甲基-反式-2-丁烯基氨基）嘌呤］，在椰子胚乳中发现的玉米素核苷［6-（4-羟基-3-甲基-反式-2-丁烯基氨基）-9-B D 核糖呋喃基嘌呤］，从黄羽扇豆中分离出来的二氢玉米素［6-（4-羟基-3-甲基丁基氨基）嘌呤］，从菠菜、豌豆和荸荠球茎中分离出来的异戊烯基腺苷［6-（3-甲基-2-丁烯基氨基）-9-β-D-核糖呋喃基嘌呤］等。人工合成的细胞分裂素主要有激动素（6-呋喃氨基嘌呤，KT）、6-苄基腺嘌呤（6-BA）、异戊烯氨基嘌呤等。细胞分裂素常常与生长素配合使用，用以调节细胞分裂、细胞伸长、细胞分化和器官形成。

（3）赤霉素。赤霉素的主要作用是加速细胞的伸长生长和打破休眠。在组织培养中主要使用的是 GA_3。其已经用于顶端分生组织的培养和维管分化的研究，但在培养基中很少添加，因为它的作用往往是负面的。虽然也有赤霉素能刺激不定胚发育成正常小植株的报道，但在使用中仍需慎重，不可轻易添加。如果想在实验中添加赤霉素，则必须先用一些不重要的材料做预试验，待获得肯定结果时再用于正式实验。

（4）乙烯。乙烯的作用逐渐被重视起来，它在芽的诱导和管胞分化上具有一定作用，管胞分化往往又是器官发生的基础。乙烯单独或与 CO_2 共同加入瓶中以代替 6-BA 或 6-BA+2,4-D，促进水稻愈伤组织芽的生长，CO_2 对乙烯促芽的促进作用明显，$AgNO_3$ 可逆转乙烯和 2,4-D 的抑制作用，促进小麦愈伤组织生芽。乙烯对芽形成的这种相对独立的效果不只是因为种的差异，也与不同发育时期植物对乙烯的敏感性不同有关。一般说来，乙烯抑制体细胞胚胎发生，非胚性愈伤组织比胚性愈伤组织产生更多的乙烯。在悬浮培养中，乙烯对细胞的指数生长期有双向作用。由于乙烯是一种简单的不饱和碳氢化合物，在生理环境的温度和压力下，是一种气体，比空气轻，实验中很难掌握用量，所以一般不使用。高等植物各器官都能产生乙烯，但不同组织、不同器官和不同发育时期，乙烯的释放量不同。在组织培养中，培养的植物组织也会产生乙烯，如果封口用的是不透气的塑料膜，容器内就会逐渐积累乙烯，严重时可引起培养物的死亡。培养瓶内乙烯的积累量因植物种类而不同，小麦的悬浮细胞培养物 24 h 中每克干重可产生乙烯 5 nmol，水稻为 6 nmol，亚麻可高达 900 nmol。烟草的愈伤组织产生的乙烯量比胡萝卜的高 400 倍。

3.3.1.5 琼脂或其他支持物

除液体悬浮培养外，所有的培养物都应生长在固体或半固体的培养基上，以防止培养物沉入液体培养基，因缺氧而死亡。就目前情况而言，琼脂是一种极为理想的支持物。它是由海藻得来的多糖类物质，但并不是培养基中的必需成分，只是作为一种凝固胶黏剂使培养基变成固体或半固体状态，以支撑培养物，由于其生产方式和厂家不同可能含有数量和种类不等的杂质，如 Ca、Mg、Fe、硫酸盐等，从而可能影响到培养效果或某些实验的结果。在选择琼脂时，最好固定厂家，以保证琼脂质量相对稳定。琼脂的使用浓度取决于培养目的，以及使用的琼脂性能（胨力强度、灰分、热水中不溶物、粗蛋白等）等因素，一般浓度为 0.4%~1%，质量越差的琼脂用量越大。除琼脂外，为了更好地调控培养物的生长，现在发展的趋势是使用一种含有琼脂的混合物作为固体胶粘剂。如果经济条件允许，建议使用新型混合物来代替琼脂，可能会使实验获得更为理想的结果。

培养基中添加琼脂使培养基呈固体或半固体状态，使培养物能够处于表面，既能吸收必需的养分、水分，又不因缺氧而死亡。但固体或半固体状态，一方面限制了培养基中营养成分和水的移动，另一方面也限制了培养的植物组织分泌物，特别是有毒代谢产物的扩散，使培养物周围的营养成分逐渐匮乏，代谢产物逐渐积累，植物生长受阻或受到毒害。为了解决这个问题，人们尝试使用其他支持物来代替琼脂。滤纸桥法即是一种，该法是将一张较厚的滤纸折叠成"M"形，放入液体培养基中，将培养的植物组织放在"M"的中间凹陷处，这样培养物可通过滤纸的虹吸作用不断吸收营养和水分，又可保持有足够的氧气。在此基础上，又发展出了一种类似于"看护"培养的方法，即在滤纸桥的中间凹陷处加一种固体培养基，固体培养基中也可混有分散的植物细胞团，将材料放在固体培养基上，再把滤纸放入另一种液体培养基中，用两种不同的培养基同时培养材料，可收到较好的效果。现在也有用玻璃纤维滤器或人工合成的聚酯羊毛代替滤纸的报道，并获得了成功。从滤纸、玻璃纤维滤器和聚酯羊毛代替琼脂的试验中人们或许能受到一些启发，即培养基中添加琼脂的目的主要是支持培养物，只要达到这个目的，可选用不同的材料和方法来代替琼脂。需要考虑的主要问题是，这种材料必须无毒害作用，且不被培养的植物组织所吸收，不与培养液成分发生化学反应。

3.3.1.6 其他添加物

为了特殊的培养目的，除上面所提到的各种成分外，在一部分培养基中还添加了一些特殊成分，如甲硫氨酸（蛋氨酸）、L-酪氨酸、L-天冬氨酸、L-天冬酰胺、L-谷氨酸、L-谷氨酰胺、L-精氨酸等氨基酸以及酵母提取物、胰蛋白胨、椰乳、番茄汁、香蕉粉、橘子汁、可可汁、活性炭、渗透调节剂等。学术界对天然提取物的应用有不同观点，有的主张使用，有的主张不使用，因为其营养成分和作用无法明确，但在用已知化学物质无法达到目的时，适当使用一些天然混合物，的确使一些用常规培养方法没有获得愈伤或不能诱导再生的植物产生了愈伤和分化形成植株。

（1）活性炭。活性炭能从培养基中吸附许多有机物和无机物分子，它可以清除培养的植物组织在代谢过程中产生的对培养物有不良或毒副作用的物质，也可以调节激素的供应。也许是由于活性炭的存在使培养基变黑，还产生了类似于土壤的效果，有利于植物的生长。还有报道指出，活性炭有刺激胚胎发生或组织生长和形态发生的作用。活性炭来源的不同也可能使其产生的作用不同，如木质活性炭比骨质活性炭含有更多的碳，而骨质活性炭中含有的混合物可能对培养物有副作用。

（2）渗透调节剂。植物细胞对水的吸收受到其所含液泡与培养基之间的相对水势的影响。蔗糖的含量和添加的一些用于调节渗透压的非代谢物都可以影响培养基中水分的利用。渗透调节剂往往是选用一些代谢微弱的糖来充当，如甘露（糖）醇、山梨醇和聚乙二醇等。这些糖基本上不被培养的植物组织所吸收，而只存留在培养基中，起到调节渗透的作用。

（3）抗生素。培养的植物组织，很容易受到细菌或真菌污染。引起污染的原因是多方面的，有的是消毒不彻底，有的是无菌操作过程中操作人员不注意，有的是培养过程中由于盖培养容器的盖子破损或没扎紧，有的是培养的植物组织内部携带有病原物且表面消毒不能解决问题等。污染会给组培工作带来很大影响或损失，在马铃薯试管苗工厂化生产中，由于污染的影响，可能影响生产进度，造成更大的损失。为了解决或防止这个问题，可根据污染产生的原因（真菌、细菌或放线菌等）在配制培养基时添加合适抗生素，比如，添加 200~300 U 的庆大霉素可使细菌污染受到很好的控制，浓度超过 600 U 时可在一定程度上抑制分化，但这种抑制作用可在除去庆大霉素后一段时间内得到恢复。

3.3.2 几种常见培养基

3.3.2.1 MS 培养基

MS 培养基是 1962 年由 Murashige 和 Skoog 为培养烟草细胞而设计的。MS 培养基是目前使用非常普遍的培养基。该培养基有较高的无机盐浓度，对保证组织生长所需的矿质营养和加速愈伤组织的生长十分有利。由于配方中的离子浓度高，在配制、贮存、消毒等过程中，即使有些成分略有出入，也不致影响离子间的平衡。MS 固体培养基可用来诱导愈伤组织，或用于胚、茎段、茎尖及花药培养，它的液体培养基用于细胞悬浮培养时容易获得成功。这种培养基中的无机养分的数量和比例比较合适，足以满足植物细胞在营养上和生理上的需要。因此，一般情况下，无须再添加氨基酸、酪蛋白水解物、酵母提取物及椰子汁等有机附加成分。与其他培养基的基本成分相比，MS 培养基中的硝酸盐、钾和铵的含量高，这是它的明显特点。

3.3.2.2 White 培养基

White 培养基是由 White 为培养番茄根尖而设计的。1963 年又做了改良，称为 White 改良培养基，提高了 $MgSO_4$ 的浓度和增加了硼素。其特点是无机盐数量较低，适于生根培养。

3.3.2.3 ER 培养基

ER 培养基是由 Eriksson 设计的，成分与 MS 培养基相似，但其磷酸盐的含量比 MS 高 1 倍，微量元素含量较低，适合细胞培养。

3.3.2.4 B_5 培养基

B_5 培养基的主要特点是含有较低的铵，这是因为铵可能对一些培养物的生长有抑制作用。经过试验发现，有些植物的愈伤组织和悬浮培养物在 MS 培养基上生长得比 B_5 培养基上要好，而另一些植物，在 B_5 培养基上更适宜。

3.3.2.5 N_6 培养基

N_6 培养基特别适合于禾谷类植物的花药和花粉培养，在国内外得到广泛应用。其特点是成分较简单，KNO_3 和 $(NH_4)_2SO_4$ 含量较高。

在组织培养中，经常采用的培养基还有 LS 培养基、尼许培养基等。它们在基本成分上大同小异。

3.3.3 培养基的配制方法（以 MS 培养基为例）

配制培养基一般有两种方法：其一是购买培养基中的所有化学药品，按照需要自己配制；其二是购买混合好的商品培养基粉剂如 MS 等。自己配制可以节约费用，但浪费时间、人力，且有时由于药品的质量问题，给实验带来麻烦。就目前国内的情况看，生产中大部分还是自己配制。为了方便，现以 MS 培养基为例介绍配制培养基的主要过程。

3.3.3.1 配制母液

在配制培养基过程中，通常先将各种药品配制成浓缩一定倍数的母液（又称为浓缩贮备液）。母液根据化学性质分别配制。一般配成大量元素母液（浓缩 10 倍）、微量元素母液（浓缩 100 倍）、铁盐母液（浓缩 100 倍）和有机母液（浓缩 50~100 倍）。配制母液不但节省配制时间，而且能够保证配制的准确性和配制时的快速移取，极大地提高了工作效率，此外也便于培养基的低温保藏。MS 培养基母液的配制及保存方法见表 3-2。

表 3-2 MS 培养基母液的配制方法

母液类别 （扩大倍数）	成 分	规定量 /mg	称取量 /mg	母液体积 /mL	配 1L 培养基 吸取的量 /mL	保存 方法
大量元素 （10 倍）	KNO_3 NH_4NO_3 $MgSO_4 \cdot 7H_2O$ KH_2PO_4 $CaCl_2 \cdot 2H_2O$	1 900.000 1 650.000 370.000 170.000 440.000	19 000.0 16 500.0 3 700.0 1 700.0 4 400.0	1 000	100	冷藏
微量元素母 液（100 倍）	$MnSO_4 \cdot 4H_2O$ $ZnSO_4 \cdot 7H_2O$ H_3BO_3 KI $NaMoO_4 \cdot 2H_2O$ $CuSO_4 \cdot 5H_2O$ $COCl_2 \cdot 6H_2O$	22.300 8.600 6.200 0.830 0.250 0.025 0.025	2 230.0 860.0 620.0 83.0 25.0 2.5 2.5	1 000	10	冷藏
铁盐母液 （100 倍）	Na_2-EDTA $FeSO_4 \cdot 7H_2O$	37.300 27.800	3 730.0 2 780.0	1 000	10	冷藏
有机物质母 液（100 倍）	甘氨酸 盐酸硫胺素 盐酸吡哆醇 烟酸 肌醇	2.000 0.400 0.500 0.500 100.000	100.0 20.0 25.0 25.0 5 000.0	500	10	冷藏

（1）配制 MS 大量元素母液。一般将大量元素分别配制成 10 倍母液（浓缩液），使用时再分别稀释 10 倍（取其总量的 1/10）。按照表 3-2 中大量元素母液的配方进行配制。按照该表中的顺序依次称取其 10 倍的用量，用感量 0.01 g 的天平分别称取并溶解后顺次混合。其中 Ca^{+2} 和 PO_4^{3-} 一起混合容易发生沉淀，注意加入顺序。

（2）配制 MS 微量元素母液。一般将微量元素配制成 100 倍母液。按表 3-2 顺序，用感量 0.000 1 g 天平依次称取各试剂溶解混合并定容：KI 0.083 g、$NaMoO_4 \cdot 2H_2O$ 0.025 g、H_3BO_3 0.62 g、$CuSO_4 \cdot 5H_2O$ 0.002 5 g、$MnSO_4 \cdot 4H_2O$ 2.23 g、$CoCl_2 \cdot 6H_2O$ 0.002 5 g、$ZnSO_4 \cdot 7H_2O$ 0.86 g，配成 1 L 母液，倒入 1 L 试剂瓶中，存放于冰箱中。

（3）配制 MS 有机物质母液。一般配制成 100 倍 MS 有机母液。依次称取肌醇 10 g、盐酸硫胺素（维生素 B_1）0.01 g、烟酸 0.05 g、甘氨酸 0.2 g、盐酸吡哆醇（维生素 B_6）0.05 g，配成 1 L 母液，倒入 1 L 试剂瓶中，存放于冰箱中。

（4）配制 MS 铁盐母液。一般配制成 100 倍 MS 铁盐母液。依次称取 EDTA 二钠 3.73 g、$FeSO_4 \cdot 7H_2O$ 2.78 g，配成 1 L 母液，倒入 1 L 棕色试剂瓶中，存放于冰箱中冷藏保存。

（5）配制激素母液。各种生长素和细胞分裂素要单独配制，不能混合在一起。生长素类一般要先用少量 95% 酒精或 1 mol/L 的 NaOH 溶解，细胞分裂素一般要先用少量 1 mol/L 的盐酸溶解，然后再加蒸馏水定容，一般取 100 mg 配成 100 mL 母液。

3.3.3.2 配制培养基

以配制 1 L MS 培养基为例，按顺序进行如下操作。

（1）在烧杯中加入少量蒸馏水。

（2）按照培养基配方要求分别取上述母液倒入烧杯。

（3）一般称取 30 g 蔗糖倒入烧杯，搅拌使其溶解。

（4）加蒸馏水，用量筒（杯）定容至 1 L。

（5）按设计好的方案添加各种激素。由于激素的用量很小，而且激素对组培植物的生长至关重要。因此，最好用微量可调移液器吸取，减少误差。

（6）用精密试纸或酸度计测量 pH 值至需要的数值（如果有条件，可以使用酸度计，比较精确），可配 1 mol/L 的 HCl 或 1 mol/L 的 NaOH 用来调整培养基的 pH 值（通常 pH 值为 5.6~6.0，常用 5.8）。

（7）称取 5 g 左右琼脂粉（质量好的琼脂粉），倒入上面配好的溶液中，放在电炉上加热至沸腾，直到琼脂粉溶化。

（8）稍微冷却后，分装入培养容器中。无盖的培养容器要用封口膜或牛皮纸封口，用橡皮筋或绳子扎紧。

（9）放入高压灭菌锅灭菌，设置温度 121 ℃，灭菌 20 min 左右。

（10）从灭菌锅中取出培养基，平放在实验台上令其冷却凝固。灭菌后，可将培养基放置一定时间观察是否有菌落产生，借此判断灭菌效果是否彻底，也可以使用灭菌试纸监测灭菌效果。

3.3.4 无菌操作

在组织培养过程中，经常需要将经过表面消毒的待培养材料放在无菌环境中切割或者分离出器官、组织或细胞，转入到无菌培养基上进行培养。这个过程全程都是在无菌条件下完成的，因此，又称为无菌操作。无菌操作主要包括以下 4 方面。

3.3.4.1 物体表面消毒

物体表面可用一些药剂涂搽或喷雾来灭菌。如桌面、墙面、双手等，可用 75% 酒精反复涂搽灭菌，也可用 1%~2% 的来苏尔溶液以及 0.25%~1% 的新洁尔灭进行表面消毒。

3.3.4.2 外植体表面灭菌

从外界或室内选取的植物材料，都不同程度地带有各种微生物。这些污染源一旦带入培养基，便会造成培养基污染，导致培养失败。

第一步，除去植物材料不用的部分，将需要的部分用洗衣粉、洗洁精等（洗衣粉可除去轻度附着在植物表面的污物及脂质性的物质，便于灭菌液的直接接触）仔细清洗干净。把材料切割成适当大小，以消毒容器能放入为宜。将材料置自来水龙头下流水冲洗几分钟至数小时，冲洗时间视材料清洁程度及清洁难易程度而定。对于易漂浮或细小的材料，可将其装入纱布袋内冲洗。在污染严重时流水冲洗特别有用。

第二步，对材料的表面进行浸润灭菌。预先准备好烧杯、玻璃棒、70% 酒精、消毒液、无菌水、计时器等。用 70% 酒精浸泡材料 10~30 s。由于酒精具有浸湿植物材料表面的作用，加之 70% 酒精穿透力强，也很容易杀伤植物细胞，因此浸润时间不能过长。有一些特殊的材料，如果实，花蕾，包有苞片、苞叶等的孕穗，多层鳞片的休眠芽等，以及主要取用内部的材料，则可用 70% 酒精处理稍长的时间。处理完的材料在无菌条件下，待酒精蒸发后再剥除外层，取用内部材料。

第三步，用消毒剂处理。消毒剂的种类较多，可根据情况选取。消毒时，把沥干的植物材料放入无菌烧杯或其他器皿中，记录时间，倒入消毒溶液，不时用玻璃棒轻轻搅动，以促进材料各部分与消毒溶液充分接触，驱除气泡，使消毒彻底。在快到时间之前的 1~2 min，把消毒液倾入一个备好的大烧杯内，要注意，不要将材料随消毒溶液一起倒出。然后将无菌水倒入放置材料的容器中，轻搅漂洗。消毒时间是从倒入消毒液开始至倒入无菌水为止。记录时间便于比较消毒效果，以便修正。消毒液要充分浸没材料，切勿勉强在一个体积偏小的容器中对很多材料进行消毒，这样容易导致消毒不彻底。

在消毒溶液中加吐温 –80 或 Triton X 的效果较好，这些表面活性剂的主要作用是使药剂更易于展布，更容易浸入消毒的材料表面。但吐温 –80 加入后对材料的伤害也在增加，应注意用量和消毒时间，一般加入 0.5% 的吐温 –80。

第四步，用无菌水漂洗 3 min 左右，视采用的消毒液种类，漂洗 3~10 次。无菌水漂洗的作用是及时将消毒剂清洗掉，避免消毒剂残留杀伤植物细胞。

上述工作均在超净工作台上进行。

3.3.4.3 操作过程（外植体接种）

接种过程必须严格按无菌操作要求进行，才能保证接种材料在无菌条件下很好地繁殖。具体程序和方法如下。

（1）准备工作。接种人员在正式接种之前要做好准备工作，包括准备酒精灯、新洁尔灭、灭菌用脱脂酒精棉、接种工具，以及培养基、接种用苗和工作台灭菌等。

其中酒精灯用商用酒精做燃料。工作台上用的新洁尔灭浓度为 0.1%。工作台灭菌包括 2 步：一是上台前清洁台面，再用紫外灯照射 30 min 左右（此时不宜打开日光灯及白炽灯，避免紫外线导致微生物 DNA 形成的二聚体复原），然后关闭紫外灯，打开风机吹风 15 min 左右（具体时间视紫外灯强度和通风情况而定）排出臭氧，避免对人体造成伤害；二是正式接种前再用新洁尔灭仔细擦一遍。培养皿的取放：从布（报纸）包里取培养皿或其他容器时，一定要注意手不能接触器皿的边沿，同时要尽可能减少与器皿的接触面。一般规定只能用双手的拇指和食指取放。接种工具灭菌也分 2 步：一是用灭菌布将工具包裹好，在高压锅里灭一次，这一步由灭菌人员负责完成；二是在工作台上，从布包里取出工具后，先用酒精擦拭一下，再放在酒精灯火焰上灼烤一遍，其要求是工具的每一点在火焰上灼烤的时间不得少于 5 s。在工具灭菌之前，工作人员的手部，包括手腕，都要用肥皂洗净擦干后再用 70%~75% 酒精仔细擦拭一遍。

（2）接种。外植体接种到培养基的方法一般有 2 种——竖插法和横插法。将外植体按照植物学生长方向直插在培养基上叫竖插法，平放在培养基上叫横插法。在酒精灯火焰附近，一只手斜握培养瓶（横插法）或将培养瓶置于火焰附近的超净工作台面上（竖插法），另一只手拿镊子夹持外植体横向（横插法）或垂直（竖插法）送入培养瓶。具体包括取苗、切苗和接苗 3 步。

①取苗。先揭开培养瓶的瓶盖（或封口膜）。如果不能一次取出其内的全部材料，要先把瓶盖（封口膜）口对着风源放在酒精灯的左前方，然后把瓶口放在酒精灯上烤 7~10 s；正式取苗时，瓶口不要斜向外。一次取苗不可太多，以免风干。

②切苗。培养皿放在离风窗 10~20 cm 处，不可太靠近窗口；镊子和手术刀都不可太热，最好是凉的，且在操作过程中，手术刀和镊子都要在培养皿斜上方操作，不可在其正上方操作；在切苗过程中产生的垃圾可堆放在培养皿内的一侧位置上，若非迫不得已，不可弄到培养皿外。

③接苗。封口膜（瓶盖）的放置方法及瓶口的灼烤方法与取苗时相同，烤完瓶口后，要先倒掉瓶内多余的水分，然后再接苗；接苗时，镊子最好不要与瓶口接触，组培苗在瓶内要排放均匀、整齐、美观，确保营养和光照均衡。

（3）封口。接种后，旋转培养瓶口在酒精灯火焰上灭菌数秒钟后，迅速用瓶盖或瓶塞或薄膜封严，其松紧度以用手转不动为准。

（4）标识。所有材料接种完毕，用记号笔在瓶壁上注明材料名称缩写、培养基类型、个人编号以及接种日期。离开之前把工作台清理干净，关机，把接种过程中产生的垃圾清理掉，台上物品摆放整齐。

3.3.4.4 环境控制

操作时，接种室内不要有人员走动等扰乱气流的活动，避免外界空气进入超净工作台导致污染。接种室每天使用后，必须及时清理接种过程中产生的垃圾和废弃物，带到室外处理。地面清扫后用消毒液拖地。扫把等清洁工具必须为接种室专用，使用后及时清洗干净并消毒。接种工作人员每日离开接种室时需用臭氧发生机对接种室消毒 30 min。定期用消毒液擦拭超净工作台外部四壁、接种小推车等。

应经常检查培养室组培苗的生长情况，及时将污染的组培苗挑出，整瓶灭菌后方可打开容器进行清洗，避免污染环境，导致组培的污染率提高。

此外，在组培苗生产过程中，为了避免组培苗污染，还应注意以下关键环节：一是培养基的灭菌和堆放时间；二是无菌室的消毒处理及阴雨天需加强的措施；三是器械的清洗与消毒；四是定期检测超净工作台滤网是否洁净，且应定期检查超净工作台的无菌效果；五是继代苗的苗龄、是否干净、是否健康；六是每接一瓶母苗，器械应重新消毒；七是瓶盖（或封口膜）是否破损或过于薄而有细小缝隙；八是工作人员的个人卫生和规范操作行为。

> **▶ 思考与练习 ◀**
>
> 1. 设计组织培养实验室时应考虑哪些问题？
> 2. 为什么要配制培养基母液？
> 3. 无菌操作的目的和需要注意的问题是什么？

# 4 马铃薯病毒性退化与脱毒种薯生产

人们种植马铃薯时常常会遇到这种情况：一年大，两年小，三年、四年不见了。出现这种现象的背后原因其实是马铃薯种性的退化现象。在生产上马铃薯采用块茎无性繁殖，连续种植几年后，常会出现植株变矮，分枝减少，茎秆细弱，叶片卷曲、皱缩、变小，叶色改变或出现黄绿相间的斑驳，植株长势衰退，块茎变畸形或瘦小，产量一年不如一年，最后失去种植价值等现象，这种现象就是"马铃薯退化"。最初人们发现马铃薯退化现象的时候并不清楚其原因，20 世纪初，德国和荷兰的科学家发现马铃薯退化可能是由病毒病引起的——病毒感染是退化的主要原因。马铃薯是用块茎无性繁殖的，当病毒侵入体内会代代相传并积累，有时可能受 2~3 种病毒复合侵染。感染病毒的马铃薯种植时间越长，病毒性退化就越严重。

解决马铃薯种性退化最为有效的办法，就是脱除已侵染到块茎中的病毒，使其恢复原有品种的生长特性。目前，几乎所有生产马铃薯的国家都利用茎尖组织培养技术脱毒，长期保持优良品种的生产潜力，生产无病基础种薯，并通过一定的良种繁育体系，源源不断地为马铃薯生产提供优良种薯。

4.1 引起马铃薯退化的主要病原菌及其传染途径

引起马铃薯退化现象的主要病原菌类型有两种：病毒和类病毒。其中类病毒主要是马铃薯纺锤块茎类病毒。下面分别进行介绍。

4.1.1 病毒

4.1.1.1 病毒的概念及概况

病毒是体积极微小的微生物，需要在 2 万倍以上的电子显微镜下才能观察到病毒粒体。病毒由核酸和蛋白质组成，即核酸外周围包有蛋白质外壳。病毒粒体形状有线状（长 580~730 nm，宽 11~13 nm）、球状（直径 23~30 nm）、弹状（长 380 nm，宽 75 nm）及杆状（长 150~180 nm，宽 20~30 nm）。病毒粒体密集排列，形成晶体或拟晶

4 马铃薯病毒性退化与脱毒种薯生产

体。病毒在溶液中与一些蛋白质共存时，当溶液盐分达到一定浓度，会发生沉淀现象。

自然界中存在 2 000 多种病毒，已报道了 600 余种病毒能侵染植物，归属于 21 个科和 8 个未分配的属。昆虫是植物病毒的主要传播媒介，传播着 80% 的植物病毒，极易造成持久性病毒病的流行。如 2006—2009 年，中南半岛上由褐飞虱传播的水稻草状矮化病毒（Rice grassy stunt virus，RGSV）大爆发，导致水稻产量损失 7.0×10^{11} kg。另外，大多数重要的经济作物通过嫁接或扦插的方法进行规模化无性繁殖，如果砧木或母本植物感染病毒，就会导致病毒短时间内暴发。因此，采用有效措施防控植物病毒病害具有十分重要意义。脱毒技术具有操作简单、增效显著而不影响植物的遗传稳定性等优势，被广泛应用于植物的提纯复壮。在马铃薯生产中也主要采取脱毒技术脱除病毒的方法对其进行复壮，恢复品种的生产潜力。

在我国普遍存在并且危害马铃薯严重的病毒有以下几种：马铃薯卷叶病毒、马铃薯 X 病毒、马铃薯 Y 病毒、马铃薯 A 病毒、马铃薯 S 病毒、马铃薯 M 病毒，其中马铃薯 X 病毒、马铃薯 Y 病毒和马铃薯卷叶病毒发生比较普遍，后两种危害严重。马铃薯纺锤块茎类病毒（Potato spindle tuber viroid, PSTVd）在我国存在范围也比较广、危害严重，并且最难根治，用茎尖脱毒的方法很难袪除。此外还有马铃薯奥古巴花叶病毒（Potato aucuba mosaic virus, PAMV）。"4.1.1.2 我国主要的马铃薯病毒"部分将详细介绍上述病毒的情况。表 4-1 为主要马铃薯病毒的症状及危害简介。

表 4-1 主要马铃薯病毒、感病症状及危害简介

病毒名称	症状	对产量的影响
马铃薯卷叶病毒（PLRV）	初次侵染的植株，其典型症状是幼叶卷曲，且病株由下而上卷叶，一些品种可能产生红晕，小叶基部常有紫红色边缘。继发感染植株出苗后，下部叶片卷曲、僵直，典型的卷叶病叶片边缘向上卷成桶状，干燥和革质化，发脆，折叠易碎，并发出声音。患卷叶病的品种有的块茎内部会产生网状褐色坏死斑块，对品质有较大影响	主要危害马铃薯的病毒之一，病害严重引起的产量损失可达 40%~60%
马铃薯 X 病毒（普通花叶病或轻花叶病 PVX）	植株感病后，生长正常，叶片平展，但是叶脉间叶肉色泽深浅不均匀，叶片易见黄绿相间的轻花叶。在某些品种上，高温或低温下都可隐症，受害块茎不表现症状	传播范围广，一般引起产量损失 10% 左右，严重时可造成 50% 以上的产量损失
马铃薯 Y 病毒（重花叶病、条斑花叶病 PVY）	受侵染后叶片严重皱缩，叶脉坏死或呈条斑垂叶坏死。在叶柄和茎上出现条斑坏死，导致垂叶、落叶，甚至植株枯死	尤其是 Y 病毒和 X 病毒或 A 病毒等复合侵染后，植株受害更严重，引起的产量损失可达 80%

（续表）

病毒名称	症状	对产量的影响
马铃薯 A 病毒（PVA）	单独侵染马铃薯时，症状轻微，危害不重，但与 X 病毒、Y 病毒复合侵染时，常造成皱缩花叶，引起严重危害。病毒侵染植株后，叶片扭曲、叶尖出现黄色斑驳，后期叶脉下陷，叶边缘粗缩	
马铃薯 S 病毒（潜隐花叶病 PVS）	侵入植株后表现不明显，仔细观察可发现小叶片叶脉下陷，叶面微有皱缩，叶片轻微下垂，没有健株叶面平展，对 S 病毒过敏的品种常出现古铜色叶片	能引起减产 10%~20%
马铃薯 M 病毒（PVM）	患病植株的叶片尖端叶脉间呈花叶症状，小叶变形，尖部扭曲，叶缘呈波状，茎的顶部小叶卷曲，叶片皱缩，严重时出现叶脉坏死	
奥古巴花叶病毒（PAMV）	发病的叶片黄斑在叶的表面，呈鲜黄色不规则的斑块，多出现在中部和底部叶片上，在田间很容易识别；有些品种的块茎在 20~21℃储存时会发生坏死或块茎表面出现凹陷斑块	

注：上表引自张丽莉、魏峭嵘主编的《马铃薯高效栽培》（进行了部分修改）。

4.1.1.2　我国主要的马铃薯病毒

危害马铃薯的病毒有 40 多种。在我国普遍存在且危害严重的马铃薯病毒主要有以下 7 种。除病毒病和类菌原质体致病外，危害严重而且最难根治的是马铃薯纺锤块茎类病毒，这类病毒用茎尖脱毒的方法或用种子生产种薯都很难摆脱，而且在我国发生得比较普遍。

（1）马铃薯卷叶病毒（病名：马铃薯卷叶病）。

①危害。该病毒在世界范围内最早发现于 1916 年，是造成马铃薯严重减产的病毒病害。此病害分布广泛，我国许多马铃薯品种都感染这种病毒，是主要危害马铃薯的病毒之一。该病害严重时引起的产量损失可达 40%~60%。减产的程度除取决于多种病毒复合侵染因素外，还取决于马铃薯品种、病毒株系、环境条件以及栽培条件等。

②症状。当年初次侵染的症状，主要表现为病株顶部的幼嫩叶片直立发黄，小叶沿中脉向上卷曲，小叶基部着有紫红色。继发性为二次侵染（即用上年 PLRV 初侵染块茎在下一年种植再发病）的病株症状，表现为全植株病状较为严重，一般在马铃薯现蕾期以后，病株叶片由下部至上部沿叶片中脉卷曲，呈匙状，叶肉变脆呈革质化，手捏易碎，且有"咔咔"声，叶背有时出现紫红色，上部叶片褪绿，重者全株叶片卷曲，整个植株直立矮化。块茎瘦小，薯肉出现锈色网纹斑。

③传播途径。PLRV 不能通过汁液接触传毒。可通过人工嫁接传毒。在自然条件下，仅由蚜虫传毒。在田间最有效的传毒媒介是桃蚜，其他蚜虫也可将 PLRV 传播到马铃

薯上。蚜虫为持久性传毒媒介。

(2)马铃薯X病毒(病名:马铃薯普通花叶病、马铃薯轻花叶病)。

①危害。该病毒在世界上发现最早,传播范围广。PVX侵染马铃薯后,一般发病症状轻微或潜隐,减产10%左右,严重时可造成50%以上的产量损失。

②症状。被侵染的马铃薯症状因病毒的毒系(株系)、马铃薯品种和环境条件的相互作用而不同。常见症状为轻型花叶,即感病的马铃薯植株生长发育正常,叶片平展,只在病株的中上部叶片出现颜色浓淡不一的轻微花叶症或斑驳花叶症,而斑驳花叶常沿叶脉发展,有时在叶片褪绿部位上产生坏死斑点。PVX的强毒系侵染某些品种时,引起叶片皱缩。

③传播途径。通过接触传毒。在田间病株与健康植株相邻的叶片间摩擦,根系间接触,或是通过人手、工具、衣物、农具及动物皮毛接触和摩擦而自然传播。当植株发育早期感染PVX时,病毒容易传到块茎上,如果植株生育后期感染,则块茎可不感染或只有一部分感病。在贮藏窖内病薯芽与健康薯芽相互挤压和摩擦均可传播该病毒。

(3)马铃薯Y病毒(病名:马铃薯重花叶病、条斑花叶病、条斑垂叶坏死病、点条斑花叶病等)。

①危害。由于其传播途径复杂,在马铃薯生产和科研单位中发生较广泛。其减产幅度达30%~50%。如果与PVX或PVA复合侵染,常呈现皱缩花叶症,或病株叶片皱缩加条斑垂叶坏死症,植株受害更严重,减产50%~80%。马铃薯Y病毒是马铃薯病毒中最重要的一种病毒。

②症状。被侵染的马铃薯症状因该病毒的毒系(株系)和各马铃薯品种的抗病性不同,其症状反应不同。不同毒系侵染不同的马铃薯品种后,马铃薯植株表现症状有5种:无症状、花叶、花皱叶、条斑花叶、条斑垂叶坏死。受侵染后叶片常严重皱缩,叶脉坏死或呈条斑垂叶坏死。在叶柄和茎上出现条斑坏死,导致垂叶、落叶,甚至植株枯死。尤其是Y病毒和X病毒等复合侵染,病毒叶片出现重皱缩花叶,叶肉凸起,叶片后向内曲,病株生长缓慢,表现矮化和很难开花,生育中期易枯死。

③传播途径。可通过汁液摩擦传播和嫁接传播。在田间自然情况下,主要是通过蚜虫进行非持久性传毒,最有效的介体是桃蚜。

(4)马铃薯A病毒(病名:马铃薯轻花叶病)。

①危害。该病在许多马铃薯品种上引起轻微症状或无症状,减产不明显,但分布较广。当与PVX或PVY复合侵染时,也可发生较重的病毒病害,表现为致病性较重,如花皱叶病症,多为与PVX或PVY复合侵染引起的,造成明显减产。

②症状。在多数被侵染的马铃薯品种上引起花叶、斑驳、叶脉凹陷、叶面粗缩,叶脉上或脉间出现不规则的浅色斑,暗色部分比健康叶片颜色深,叶缘皱褶呈波状,病叶变黄,早期脱落,块茎瘦小。有的品种只表现轻花叶症或叶脉坏死症。病株的茎

枝向外弯曲，株型常呈开散状。

③传播途径。可通过汁液摩擦传播和蚜虫的非持久性传播。田间主要介体昆虫是桃蚜。

（5）马铃薯 S 病毒（病名：马铃薯潜隐花叶病）。

①危害。一般病症较轻微和潜隐，病株常表现为块茎变小，减产 10%~20%。在自然条件下，有时与 PSTVd 等复合侵染某些马铃薯品种。

②症状。侵入植株后表现不明显，仔细观察可发现小叶片叶脉下陷，叶面微有皱缩，叶尖轻微向下弯曲，叶色变浅，轻度垂叶，植株呈开放散状。但因马铃薯品种的抗病性不同，病株症状表现有些差别。具有一定抗耐病性的品种感病后，病株叶片常产生轻度斑驳花叶和轻度皱缩。抗耐病性较弱的品种感病后，病株生育后期叶片着有古铜色，严重皱缩、明显花叶，在叶片表面上产生细小坏死斑点，老叶片不均匀变黄，常有绿色或青铜色斑点。

③传播途径。易通过汁液传播，如田间病株、健株相邻，两者叶片相互摩擦接触、切刀等均可引起传染。该病毒也可以通过嫁接传播。

（6）马铃薯 M 病毒（病名：马铃薯副皱缩花叶病、马铃薯卷花叶病、马铃薯脉间花叶病）。

①危害。PVM 发现于美国、英国、法国、德国和荷兰等国。1979 年以来，我国黑龙江及内蒙古在马铃薯生产和科研中有发现，一般减产 9%~49%。

②症状。依 PVM 株系和品种不同，感病症状有一定差异。其强株系侵染后，马铃薯幼苗期小叶表面带有油脂状光泽，同时小叶迅速开始向下卷曲，叶背出现条斑坏死，随着马铃薯生长发育，产生明显花叶，叶片严重变形，发展到全株叶片均向下卷曲，下部叶片出现不规则的坏死斑点，并很快黄化至枯干。弱株系侵染后，常引起病株小叶脉间花叶，小叶尖端稍扭曲，叶缘呈波状，病株顶叶有些卷叶。

③传播途径。PVM 可以通过汁液接触和蚜虫非持久性传播。

（7）奥古巴花叶病毒（病名：马铃薯黄斑花叶病）。

①危害。发病的叶片黄斑在叶的表面，呈鲜黄色不规则的斑块，多出现在中部和底部叶片上，在田间很容易识别。

②传播途径。PAMV 的传播方式与其他 PVX 病毒属的病毒类似，会通过蚜虫和一些物理的接触进行传播，在田间植株间摩擦是传毒的主要途径。蚜虫对 PAMV 的传播是非持久性的，但是在 PVY 或者 PVA 病毒的共同作用下会增强 PAMV 的传播能力。

4.1.2 类病毒

类病毒是一类单链、环状、共价闭合、裸露的低分子量 RNA，是已知最小的植物病原物，它既没有细菌或者真菌分泌毒素的能力，也不能编码任何多肽或蛋白质。但是，类病毒依赖于寄主的蛋白质或者其他未知因子，不仅能够完成侵染循环（不同寄主间的传播、细胞内自我复制、细胞间转运和在寄主体内的长距离运输），而且还可以通过某种尚未阐明的机制影响寄主特定基因的表达，干扰寄主正常的代谢，并引发明显的病症，给作物的生产造成极大的威胁。类病毒侵染性强，并对热及紫外线、离子辐射有高度抗性。目前已经发现30多种专门侵染植物的类病毒。类病毒分为2个科，其中绝大多数属于马铃薯纺锤块茎类病毒科，4种类病毒属于鳄梨日斑类病毒科。在自然状态下能够侵染马铃薯的类病毒目前发现有2种，但其中只有PSTVd对马铃薯生产、新品种选育和种质资源保存等工作均造成了较大的影响。

马铃薯纺锤块茎类病毒是发现最早的类病毒。早在1922年，马铃薯纺锤块茎病（Potato spindle tuber disease）在美国就已经被发现。到20世纪60年代，美国农业部植物病毒实验室的Diener和Raymer在研究马铃薯纺锤块茎病时，发现该病原物用沉淀病毒的方法并无沉淀产生，且将具有侵染性的叶片组织提取物用RNA酶处理后侵染性消失，而用DNA酶、蛋白酶及酚处理后对侵染性并没造成影响；对病原物提取物进行密度梯度离心及聚丙烯酰胺凝胶电泳分析表明，该病原物是裸露的RNA。随后证实该病是由一类新病原——类病毒引起的。该病害曾在美国发生并造成很大的经济损失。

PSTVd是一种单链、环状、无蛋白质外壳的RNA，碱基高度配对，具有非常稳定的棒状二级结构，能够在寄主体内自我复制，一般为359 nt，少数为358 nt或360 nt。

PSTVd的自然寄主范围比较小，它能够侵染马铃薯、番茄、鳄梨和辣椒。但也有其他的相关报道：Verhoeven发现PSTVd可侵染大花曼陀罗和龙栀子；2014年Brunschot发现PSTVd可侵染星茄藤；Yosuke Matsushita等对12个属的30种园艺植物进行机械接种，结果显示其中有9种植物（金盏菊、菊花、大丽花属、茼蒿、万寿菊、孔雀草、辣椒、矮牵牛和茄子）可以被PSTVd侵染；此外，有研究发现PSTVd还可以侵染曼陀罗属、素馨叶白英和蓝花茄等。虽然PSTVd的自然寄主范围相对较窄，但在实验室条件下，PSTVd可侵染31个科的94个种。

PSTVd可以通过接触传播，在田间主要通过机械和农事操作传播。在切割马铃薯种薯时，切刀也可能传播PSTVd。在马铃薯生产中，通过带毒种薯传播PSTVd是非常重要的传播方式，北美等地区根除PSTVd便是通过严格控制种薯质量来实现的。因此，抓好马铃薯脱毒种薯质量至关重要。在切割种薯以及农事操作过程中严格消毒对于避免PSTVd传播具有一定的防效。PSTVd还可以通过受感染的花粉或者卵细胞传递给实生子（TPS）（0~100%），并能够在马铃薯野生种和栽培种的实生子内存活多年。1964年以后，马铃薯实生子曾经被用于马铃薯生产中，在该过程中PSTVd被认为是降低其产量的影响因素之一。据报道，PSTVd不能通过桃蚜传播，但却可以通过PLRV的外壳蛋白的包裹而被桃蚜传播。

PSTVd 侵染马铃薯的症状因品种而异，并与 PSTVd 的株系及环境等因素有关。一般来讲，感染 PSTVd 的马铃薯，植株生长受到抑制，植株矮化，叶片向上竖起，叶柄角度呈锐角，茎秆硬化，块茎由圆形变为长形或畸形，多呈纺锤状，芽眼变深或凸起，有时表皮有裂纹，减产幅度在 10%~50%。另有报道称 PSTVd 强系可引起减产 60%，弱系减产 20%~35%。总之，PSTVd 不仅可降低马铃薯产量，而且会影响块茎的外观和大小，降低其商品性，是马铃薯生产的极大障碍。

PSTVd 曾在美国、加拿大、尼日利亚、阿富汗、印度、西欧部分地区和中美洲的马铃薯上发生，并对马铃薯生产造成了一定的影响。PSTVd 不仅影响马铃薯生产，同时也能影响番茄的生产。2013 年，多米尼加就曾经发生过 PSTVd 在番茄上的大范围流行的事件，造成了很大的损失。

在中国，最早关于 PSTVd 的报道是 1960 年发生在黑龙江的 Irish Cobbler（早熟白）品种上。随后，其他地区也相继报道 PSTVd 的发生情况。目前，PSTVd 在中国已经发生得比较普遍，在新疆、内蒙古、河北、山西、福建、北京和甘肃等省（自治区）都有发生的报道。此外，编者在日常工作中还在黑龙江、吉林、辽宁、山东和陕西等地发现了 PSTVd 的存在。目前，已经在 12 个马铃薯主产区发现了 PSTVd。

4.1.3 病原菌的传染途径

病原菌传染马铃薯种苗的途径有汁液接触传播和昆虫传播两种途径。病毒和类病毒都具有这两种传染方式。媒介昆虫主要是蚜虫，其次为叶蝉。

4.1.3.1 汁液接触传毒

在田间，感病马铃薯植株和健康植株的叶茎或根系间接触，感病马铃薯块茎和健康块茎的芽之间接触，都能使健康的马铃薯感病。如马铃薯 X 病毒主要通过汁液接触传毒。

4.1.3.2 媒介昆虫传毒

媒介昆虫主要是蚜虫（桃蚜）。蚜虫传毒分为 3 种类型：非持久性、半持久性、持久性。

（1）非持久性。只在蚜虫口器内外进行传带病毒，待口器内外传带的病毒用完后，就不再传染。所以蚜虫得毒和传毒的时间很短，除非它又重新获得病毒。例如马铃薯 Y 病毒传毒类型。

（2）半持久性。蚜虫从口器（口针）吸入病毒后，进入胃肠至血液淋巴，再进入唾液腺，然后随着唾液分泌出来传毒，整个过程称为循回期。但病毒不增殖，蚜虫得毒和传毒的时间比非持久性略长。如马铃薯 A 病毒传毒类型。

（3）持久性。病毒在循回期中能增殖，一般是在蚜虫的脂肪层内增殖，增殖到一定数量才能通过蚜虫的唾液传染，增殖和传毒的时间比较长。病毒在虫体内增殖所需的时间,称为病毒潜育期(也称潜伏期)。如马铃薯卷叶病毒就是蚜虫持久性传毒。

4.2 脱毒马铃薯种薯

4.2.1 世界马铃薯脱毒种薯发展历程

随着马铃薯种植面积的不断扩大,人们逐渐发现了马铃薯的种性退化现象,即随着马铃薯播种代数的增加,植株变得越来越矮小,叶片皱缩、花叶,茎秆变得细弱,块茎变小、龟裂等,导致马铃薯产量越来越低,品质也开始变劣。许多专家、学者针对马铃薯退化的现象开展了诸多研究。他们提出的一些马铃薯种薯退化学说,归纳起来主要有3种:高温学说、衰老学说和病毒学说。其中,由病毒侵染引起马铃薯种薯退化的理论具有重要的实践意义。20世纪初,德国和荷兰的科学家发现马铃薯退化可能是由病毒病引起的,随后人们开始采用热疗法和分生组织培养的方式来生产脱毒马铃薯种薯。与此同时,实验室开始具备检测病毒的能力。随着科技的发展,20世纪80年代中期,诞生了酶联免疫吸附测定法,该检测方法使马铃薯种薯病原物的检测变得非常方便,也推动了马铃薯脱毒技术的发展和普及。

随着分子生物学、高通量测序技术的发展,脱毒马铃薯种薯质量检测技术也随着科技的发展更新换代,特异性强、灵敏度高、检测速度快、结果可靠的检测技术越来越多。现在,马铃薯种薯的检测参数非常全面,基本涵盖了影响马铃薯种薯质量的真菌病害、细菌病害、病毒病、类病毒病、植原体以及部分有害昆虫等。全面的检测参数、先进的检测手段加上严格的管理和监督,基本能够确保脱毒马铃薯种薯的质量。

4.2.2 中国马铃薯种薯发展历程

20世纪70年代,中国开始了脱毒马铃薯种薯生产技术的研究。吉林农业大学、辽宁农业科学院和黑龙江省农科院克山农科所[①]等对马铃薯茎尖分生组织培养技术进行了初步试验,并取得了成功。事实上,中国马铃薯种薯生产是从1974年茎尖组织培养技术成功和生产脱毒种薯开始的。此后,中国科学院植物研究所、动物研究所和内蒙古大学等单位合作进行了脱毒与病毒检测技术的研究,从而使脱毒马铃薯种薯生产技术由试验研究阶段进入生产示范阶段。在这些工作的基础上,我国于1976年在内蒙古建立了中国第一个马铃薯脱毒原种场。20世纪80年代末期,随着脱毒种薯生产优势的不

---

① 现更名为黑龙江省农业科学院克山分院。

断显现，越来越多的人认识到脱毒马铃薯种薯的增产价值并开始使用脱毒马铃薯种薯，脱毒马铃薯种薯开始在中国大多数地区广泛推广使用。随后，许多大型的马铃薯种薯生产企业也应运而生，如北京希森马铃薯产业股份有限公司、雪川农业集团股份有限公司、呼伦贝尔鹤声薯业发展有限公司和大庆金辉农业科技开发有限公司等，中国的脱毒马铃薯种薯生产进入了一个新的阶段。然而，由于中国马铃薯种薯质量检测工作起步较晚，与荷兰等国家相比，在马铃薯种薯质量检测上还有一定的差距，检测技术有待提高，种薯市场还需进一步规范，质量监督亟待加强。

4.3 马铃薯脱毒种薯生产的基本模式

从马铃薯种薯生产的整体情况来看，基本模式是采用马铃薯茎尖分生组织剥离技术，培养再生脱毒马铃薯试管苗，经质量检测合格后，作为核心种苗在组织培养室进行脱毒苗快繁，然后将试管苗移植到温室或者网棚生产小薯（原原种），之后在开放但有隔离条件的繁殖基地生产马铃薯原种和合格种薯（除原原种以外的其他级别种薯，如马铃薯原种、一级种和二级种）。种薯（苗）质量检测贯穿整个马铃薯种薯生产全过程。目前，国内外的马铃薯种薯生产基本都是采用这样的技术体系。马铃薯种薯生产的技术核心一方面是脱毒，即脱除降低马铃薯种性的病毒或类病毒；另一方面是做好生产隔离，防止病毒或类病毒再次侵染，导致马铃薯种薯质量下降，重新失去种性。因此，做好茎尖剥离、生产隔离和质量检测是马铃薯种薯生产过程中的重要环节和主要影响因素。其中茎尖剥离是基础，生产隔离是保障，质量检测是把关，三者缺一不可，相辅相成。

马铃薯种薯从茎尖剥离获得脱毒试管苗（核心种苗）到大田种薯，中间经过了多代繁殖。为了区分这些不同级别，便于生产和利用种薯，人们将种薯繁殖代数结合种薯的质量情况将种薯进行人为分级。各国马铃薯生产情况、种薯质量检测和退化等情况不同，马铃薯种薯分级情况也非常复杂，甚至同一个国家不同地区也存在着不同的分级体系，各级种薯的名称也不尽相同。按照我国国家标准 GB 18133—2012《马铃薯种薯》规定，我国目前执行的是四级分级体系，即马铃薯原原种、原种、一级种和二级种。

4.4 影响马铃薯种薯质量的主要病害

由于马铃薯主要通过无性繁殖（通过马铃薯实生种子进行有性繁殖的繁殖效率很低，整齐度差，不能直播，生育期长，而且产量较低，目前已经很少采用。但利用马铃薯实生种子生产马铃薯曾经在交通不发达的地区发挥过重要作用），在生产过程中容易感染病毒和类病毒，并且病毒、类病毒随着马铃薯的无性繁殖而逐年累积，导致马铃薯种性退化。经过国内外学者多年的研究，最终确认病毒是影响马铃薯种薯质量的关键病害。马铃薯病毒能引起马铃薯减产 30%~50%，如果不同病毒混合侵染，则可能造成更大的损失，减产幅度可达 80%。随着气候、品种、生产情况、病原的变异和重组以及人类对各种病害的防控措施的加强等，影响马铃薯种薯质量的病害有可能会发生变化，主要病害可能变为次要病害，而现在的非主要病害未来也可能变成主要病害。

在植物体内，病毒的分布是不均匀的，茎尖分生组织的细胞增殖速度要比病毒向上运输的速度快，生长点附近的病毒含量一般都很低，有时候分生组织内甚至不含病毒。因此，剥离茎尖分生组织，经组织培养再生成脱毒苗的技术是目前应用最广泛的脱毒技术。该技术体系已经在许多无性繁殖的作物上广泛应用，如马铃薯、甘蔗、甘薯、草莓、蒜等。目前，在马铃薯茎尖脱毒及组培快繁技术方面已经开展了大量的研究工作，并取得了较大的进展，生产技术已经成熟，并且在生产上已经广泛应用。

除病毒病能够影响马铃薯种薯质量外，PSTVd 也是影响马铃薯种薯质量的重要病害。该病害能够随着种薯的无性繁殖逐代传播，而且随着带毒代数的增加，症状越来越重，产量急剧降低，块茎变小、龟裂、畸形，甚至无法发芽，基本失去商品性，更无种用价值。

4.5 脱毒马铃薯种薯的质量控制

随着马铃薯脱毒技术的诞生和生物技术的迅猛发展，马铃薯脱毒种薯质量检测技术和质量检测体系也随之发展、壮大和完善起来，并已经在马铃薯脱毒种薯生产中发挥了巨大的作用。为了确保脱毒马铃薯种薯的质量，英国、荷兰、法国、德国、美国、日本和加拿大等国家都制定了严格的种薯生产、检测、监督和认证体系，实行种薯产品合格证制度，并设立专门的机构来检验及监督马铃薯种薯质量。在实行种薯质量认证的国家，没有种薯质量合格证的种薯是无法作为种薯销售的。

在中国，随着马铃薯脱毒种薯生产体系的诞生和脱毒种薯的推广应用，为了控制种薯质量和规范种薯市场，相关的标准也相继颁布并实施。

1982 年 5 月 23 日，由农牧渔业部（现农业农村部）提出，由农牧渔业部种子局、黑龙江农科院克山农科所等单位联合起草的，中国国家标准局发布的第一个马铃薯种薯生产技术标准 GB 3243—82《马铃薯种薯生产技术操作规程》的诞生拉开了中国马铃薯种薯标准化生产的序幕。中国适用于马铃薯种薯的现行国家标准和行业标准越来越多，各地也颁布了很多地方标准，充分表明我国对马铃薯种薯标准的制定、修订工作的高度重视，同时也显示出我国将马铃薯脱毒种薯质量检测体系推向标准化、规范化的决心。

马铃薯产业的源头是脱毒马铃薯种薯，因此，种薯质量的好坏事关整个产业的健康发展，是提高马铃薯生产水平和品质的关键因素之一。我国马铃薯单产水平较高的省份，如山东、辽宁和广东等，其优质种薯的利用和推广也是相对比较广泛的。

为了提高我国脱毒马铃薯种薯的质量，2001年，农业部和国家质检技术监督检验检疫局通过评审，设立了2个部级脱毒马铃薯种薯质量检测中心来控制马铃薯种薯的质量，分别是农业部脱毒马铃薯种薯质量监督检验测试中心（哈尔滨）和农业部脱毒马铃薯种薯质量监督检验测试中心（张家口）。两个中心均设在马铃薯商品薯和种薯生产都比较发达的地区，分别开展了马铃薯种薯（苗）质量检测、种薯（苗）质量安全普查和技术培训等工作。通过对全国种薯（苗）质量检测，在一定程度上对种薯（苗）质量进行了把关；通过质量安全普查，了解了我国马铃薯种薯质量现状、存在的问题、生产方式、病虫害发生情况以及脱毒种薯推广应用、市场销售、马铃薯产业发展现状等，为提高我国马铃薯种薯质量提供了指导和建议。

在脱毒种薯质量控制技术研究方面，我国从事马铃薯种薯生产和技术研究的人员一直在为马铃薯种薯健康生产而不懈努力。为了提高马铃薯种薯质量，他们在马铃薯脱毒种薯生产的各个环节都进行了相关的研究，使我国的马铃薯种薯生产技术和质量不断提高。

提高种薯质量不仅要依靠先进的种薯生产技术和质量检测手段，政策引导、市场导向和有力的监管也是确保种薯质量的重要保障。我国在马铃薯种薯质量监管、规范种薯市场等方面还需要进一步加强。

4.6 脱毒马铃薯种薯相关概念及意义

4.6.1 脱毒马铃薯种薯的相关概念

在马铃薯生产中被当成"种子"的薯块（播种时被切割的块茎或者整薯）一般被称为"种薯"，这里的种薯是一般意义的种薯，其健康状况未知。在国家标准GB 18133—2012《马铃薯种薯》中，种薯（seed potatoes）的定义为符合该标准规定的相应质量要求的原原种、原种、一级种和二级种。该标准规定中国马铃薯脱毒种薯分为四级，按照种薯生产顺序，依次为原原种、原种、一级种和二级种。其中"原原种"（G1，pre-elite）的定义为："用育种家种子、脱毒组培苗或试管薯在防虫网、温室等隔离条件下生产，经质量检测达到5.2要求的，用于原种生产的种薯。"该标准在5.2条款中详细规定了各级种薯的质量要求。其他相关概念分别为"原种"（G2，elite）——原种用原原种做种薯，在良好隔离环境中生产的，经质量检测达到 5.2 要求的，用于生产一级种的种薯。一级种（G3，qualified I）——在相对隔离环境中，用原种做种薯生产的，经质量检测后达到 5.2 要求的，用于生产二级种的种薯。二级种（G4，qualified II）——在相对隔离环境中，由一级种做种薯生产，经质量检测后达到 5.2 要求的，用于生产商品薯的种薯。

GB 18133—2012 中规定的"脱毒种薯"是用马铃薯的脱毒种薯（脱毒试管苗）由一系列物理、生物、化学或其他技术措施脱除掉马铃薯块茎体内的病毒后，获得的经检测无病毒或很少有病毒侵染的种薯。在马铃薯脱毒种薯生产系统中，所有级别的种薯的总称就是脱毒种薯。种用脱毒试管苗在试管（或者组培瓶等容器）里诱导生产的薯块称作"脱毒试管薯"。在由人工控制的防虫网室中，使用试管薯栽培、试管苗移植和脱毒苗扦插等方法生产的小块茎叫作"脱毒马铃薯微型薯"或"脱毒马铃薯原原种"。脱毒种薯的生产和一般的种子繁育不一样，它需要经过十分严谨的生产过程，依照各种种薯的生产技术要求（生产规范），采用一系列防止病毒以及其他病害感染的措施，比如马铃薯种薯生产田需要人工或天然隔离条件，有严格的检测、检测和监督病毒的措施，把握好播种和收获的时间，提早杀秧避免块茎被病害感染，尽快去除有病植株、杂株等，保持周围环境的安全，做好防蚜避蚜和种薯收获后的检验等，通过严格把关每一块种薯田，保证脱毒种薯的质量。

4.6.2 使用脱毒马铃薯种薯的重要性

马铃薯经过连续多年的无性繁殖导致的退化现象可以通过生产、使用脱毒马铃薯种薯来解决。脱毒种薯有十分明显的增产效果，使用脱毒种薯可以增产 30%~50%，高者增产 1~2 倍，甚至 3~4 倍。使用脱毒种薯生产马铃薯的方法之所以有这么大的增产效果，一是因为种薯的品质高，没有或几乎没有受到病毒的侵害，因此植株在生长过程中可以充分发挥品种优良的生产特性；二是因为农家品种的退化比较严重，相比之下，当地的品种退化得越严重，使用脱毒种薯生产的田地的增产情况就越明显，增产量就越多。

使用脱毒马铃薯种薯发挥增产潜力的前提是该品种具有优良的遗传特性。好的品种经过脱毒复壮后才可以获得更高的产量和品质。脱毒仅仅是一个复壮过程，一个品种如果自身遗传性状中没有高产和高商品率的特性，即使同样经过脱毒，依然不能改变原有品种的缺点。由此可见，脱毒技术是有限的，它不能从根本上改变品种，只是恢复和保障优良品种本身的优良特性。

脱毒种薯的增产幅度是相对而言的，脱毒种薯增产幅度小的只有 20%~30%，大的则可超过 100%。脱毒种薯增产幅度的大小取决于以下因素。

（1）品种的抗病毒能力。抗病育种一直以来都是重要的育种目标，随着育种技术尤其是分子育种技术的发展，一些对病毒病有抗性的品种将逐步育成并应用于生产。对于抗性较强、退化较慢的品种，脱毒种薯的增产幅度相对较低。

（2）对照种薯的病毒性退化程度。对照种薯退化严重的，脱毒后的种薯增产幅度就大；反之，则增产幅度小。

（3）脱毒薯种植的年限长短。种植时间短的脱毒薯，因被病毒侵染的机会少，仍保持较高的增产水平；反之，脱毒薯种植年限长，病毒感染的机会多，病株逐渐增多，甚至有多种病毒侵染，逐渐接近未脱毒的种薯，增产幅度必然减小。

（4）脱毒薯生产是否因地制宜采取保种措施。如一季作地区结合夏播留种，二季作地区结合春阳畦，晚秋播种或春季早种早收、整薯播种、喷药防虫、拔除病杂株等技术。种薯生产过程中避免病毒再侵染的栽培技术运用得越好，脱毒种薯质量就越高，在生产上就可以发挥较长时间的增产作用，增产幅度也大；反之，即便是脱毒薯也会很快发生病毒性退化，失去增产作用。

使用脱毒种薯除可以增产外，与退化的马铃薯相比，其品质也更优越。被病毒侵染的马铃薯块茎经常会出现块茎变小、畸形、龟裂、网纹、环斑坏死等症状，而使用经过脱毒的种薯生产马铃薯则可以收获健康的块茎，从而提高其商品性。因此，使用脱毒种薯既可提高产量也可提高品质，所以可以起到增收的作用。

4.7 马铃薯脱毒试管苗在马铃薯脱毒种薯生产体系中的地位

马铃薯脱毒试管苗是马铃薯脱毒种薯生产的首要和核心环节，它的质量对马铃薯脱毒种薯的质量起决定性作用。在马铃薯种薯生产体系中，人们使用脱毒马铃薯试管苗（或者试管薯）在有保护的（温室、网棚等）条件下生产马铃薯原原种。因此，如果试管苗的质量不达标，生产出来的原原种必然质量不合格。另外，脱毒马铃薯试管苗的健壮程度也对原原种的生产有一定的影响。根系发达、生长健壮的试管苗为确保较高的试管苗移栽成活率奠定了基础，也为马铃薯原原种的优质高产提供了基础条件。因此，马铃薯脱毒种苗在生产过程中要严格管理，核心种苗要经过严格的质量检测方可进行大规模扩繁。在试管苗的扩繁过程中，要注意培养条件和培养环境，提高试管苗的质量。不同马铃薯品种试管苗长势不同，不同的品种的试管苗需要的培养条件也可能不同。因此，对于推广面积较大的主栽品种，如果该品种试管苗长势较弱（比如尤金885），有必要专门对其培养条件进行研究，以便生产出健壮的试管苗，为原原种的生产奠定更好的基础。

总之，脱毒马铃薯种薯的推广应用可大幅度提高马铃薯的产量和品质，而对脱毒种薯质量影响最大的是脱毒马铃薯试管苗，它的质量及其遗传稳定性对马铃薯种薯具有决定性影响。

> **▶思考与练习◀**
>
> 1. 引起马铃薯退化的主要原因是什么？
> 2. 什么是脱毒马铃薯种薯？马铃薯种薯在马铃薯生产中有什么作用？
> 3. 马铃薯脱毒试管苗在马铃薯种薯生产体系中的地位如何？

5 马铃薯种薯脱毒复壮技术

导致马铃薯退化的主要原因是病毒和类病毒的感染和积累,而病毒病和类病毒病都很难通过药剂防治,目前主要采用脱毒后生产脱毒种薯(苗)的方法来防控。到目前为止,马铃薯脱毒的方法主要有茎尖分生组织培养、热处理结合茎尖分生组织培养、超低温脱毒法、化学处理脱毒、微茎尖嫁接脱毒方法。此外,还可将各种方法相结合脱毒等。

5.1 茎尖分生组织培养

由于植物顶端分生组织生长旺盛、分化速度快,并且不含维管组织,导致病毒很难到达,因此,在茎尖处存在一个直径约为 0.1 mm、长约为 0.25 mm 的无毒区域,将该区域分离出来再生成试管苗就能得到脱除病毒的材料。关于为什么大部分植物病毒不能侵染茎顶端分生组织的问题,中国科学技术大学赵忠教授课题组(Wu, et al., 2020)又有了新的研究结果。他们以模式植物拟南芥为研究材料,发现植物茎顶端干细胞关键调控因子 WUSCHEL(WUS)介导了分生组织对植物病毒的先天免疫,WUS 蛋白在抑制病毒入侵分生组织的细胞反应中具有非常重要的作用。

茎尖分生组织培养的具体方法为:将茎尖分生组织(或者包括有此分生组织的茎尖)分离,然后对其进行无菌培养,使之再生为完整植株。由于植物茎尖顶端分生组织存在无毒区域,所以经过茎尖分生组织培养获得的试管苗可以脱除病毒。由该脱毒试管苗在温室或大棚等保护设施下生产马铃薯原原种,再按照马铃薯种薯生产技术规程生产其他级别的种薯并在生产上推广应用,即可解决马铃薯种薯退化的问题。利用茎尖分生组织培养的方法在植物病毒脱除上已经得到广泛应用。

影响茎尖脱毒效果的因素主要有以下 4 个方面。

(1)剥离茎尖的大小。剥离茎尖的大小是影响脱毒率和成苗率的重要因素。离体茎尖越大,越易成活,但不易脱除病毒;茎尖越小,脱毒率越高,但成苗较难。叶原基是成苗的必要条件，不带叶原基的分生组织，易形成愈伤组织后，分化成不定芽，易发生突变，失去原品种的性状。因此，茎尖大小应以生长点所带的叶原基数及其邻近组织的大小为标准。一般以带 1~2 个叶原基，且尽量少带生长点的邻近组织为好，这样的茎尖既有一定的成苗率，也能脱除大多数病毒。

（2）病毒种类。病毒的种类不同，茎尖组织培养脱毒的难易程度有很大差别。根据多数试验结果，脱除病毒从易到难的顺序为 PLRV、PVA、PVY、PAMV、PVM、PVX、PVS、PSTVd。以上的顺序并非绝对，如结合热处理，可显著提高 PVX 和 PVS 的脱毒率。茎尖脱毒的难易还受病毒复合侵染的影响，当 PVX 单独存在于植株内时，茎尖分生组织培养生产无 PVX 脱毒苗率远远高于 PVX 和其他病毒复合侵染的茎尖脱毒率。

（3）培养基。正确选择培养基可以显著提高获得完整植株的成功率。在很多情况下，MS 培养基对茎尖培养都是有效的。碳源一般使用蔗糖或葡萄糖，浓度范围为 2%~4%。虽然较大的茎尖外植体（500 μm 或更长）在不含生长调节物质的培养基中也能产生一些完整的植株，但一般来说，含有少量（0.1~0.5 mg/L）的生长素或细胞分裂素或二者兼有常常是有利的。应避免使用 2,4-D，因为它通常能诱导外植体形成愈伤组织，广泛使用的生长素是 NAA 和 IAA。此外，在培养过程中一般马铃薯茎尖组织有几种生长发育类型，应根据不同的类型，改变生长调节剂（主要是生长素）浓度及处理时间。

茎尖培养中，既可以用液体培养基，也可以用固体培养基。为了便于操作，多用琼脂培养基。在用固体培养基时，可以比正常繁殖试管苗的培养基少用一些琼脂，降低其硬度，有利于茎尖的培养。在进行液体培养时，需制作一个滤纸桥，把桥的两臂浸入到液体培养基中，桥面悬于培养基上，外植体放在桥面上。实际工作中总结的适合马铃薯茎尖剥离的培养基主要有以下几种。

① MS+NAA（0.5 mg/L）+6-BA（0.1 mg/L）。

② MS+IAA（0.5 mg/L）+KT（0.04 mg/L）。

③ MS+KT（0.4 mg/L）+GA_3（0.2 mg/L）+NAA（0.1 mg/L）。

④ MS+NAA（0.2 mg/L）。

⑤ MS+GA_3（0.1 mg/L）+NAA（0.5 mg/L）+6-BA（0.5 mg/L）。

上述培养基的蔗糖浓度一般为 30 g/L，琼脂约 6 g/L，pH 值为 5.8。

（4）品种差异。不同马铃薯品种（品系）的茎尖在相同的培养基和培养条件下，其成苗率存在很大差异。有的品种（品系）成苗快并且成苗率高，而有的品种很难获得再生植株。

5.2 热处理结合茎尖分生组织培养

茎尖分生组织培养脱毒法虽然已经广泛应用，但有些病毒仅采用该方法脱毒率较低。由于病毒对高温的耐受程度是有限的，因此常利用热处理与茎尖分生组织培养相结合的方法对植物进行脱毒。根据不同植物选择适宜的茎尖大小、适当的温度和处理时间是利用热处理结合茎尖脱毒成功的关键，其中热处理的温度和时间取决于不同病毒的钝化（致死）温度和植株可忍受的温度。番茄斑点枯萎病毒（Tomato spotted wilt virus, TSWV）最低致死温度为45 ℃，而烟草花叶病毒（Tobacco mosaic virus, TMV）、苹果茎沟病毒（Apple stem grooving virus, ASGV）等钝化温度超过90 ℃，多数植物病毒的钝化温度为55~70 ℃。但在考虑植物病毒钝化温度时应以植株能够忍受为限度，大多植物能忍受的温度都在38 ℃以下，因此植物热处理温度一般为35~40 ℃。对梨树上的ASGV的脱毒处理中发现，单纯茎尖培养脱毒效果差，而采用37 ℃ 8 h与32 ℃ 8 h交替处理材料60 d后，剥取1 mm茎尖培养，成活率和脱毒率比单纯茎尖培养平均增加11.7%和54.3%。热处理脱毒通过利用高温处理抑制病毒复制，导致病毒RNA降解，或诱导基因沉默，从而实现脱除病毒的目的。Liu等（2015, 2016）发现37 ℃的热处理引起了几个与RNA沉默相关的关键基因表达的上调，诱导了与iRNA（RNA干扰技术）相关的现象发生，并抑制了病毒RNA在感染ASGV梨外植体中的积累，有利于茎尖中产生更大的无病毒区域。热处理脱毒包括热水浸泡和高温空气处理两种方法。Sharma等（2007）在脱除柑橘上的印度柑橘环斑病毒（Indian citrus ringspot virus, ICRSV）时发现，采用经40 ℃水浴处理效果较热空气处理更为理想，材料经40 ℃水浴处理后，剥离0.7 mm大小的茎尖培养，脱毒率达到60%。Vivek等（2018）将苹果品种"Oregon Spur-I" 37~40 ℃处理4周后，切取不超过0.5 mm的茎尖培养，发现可以完全脱除苹果褪绿叶斑病毒（Apple chlorotic leaf spot virus, ACLSV）、ASGV、苹果茎痘病毒（Apple stem pox virus, ASPV）和苹果花叶病毒（Apple mosaic virus, ApMV）。热处理包括恒温处理和变温处理2种方式，其中变温处理可以减轻持续高温对培养材料的不利影响。Knapp等（1995）发现苹果枝条在38 ℃（白天）和36 ℃（夜晚）交替处理33 d，再生植株存活率较高。Tan等（2010）在梨离体植株潜隐病毒研究中也报道了变温处理有利于再生植株的存活、生长和增殖。Maliogka等（2009）采用变温方法处理感染沙地葡萄茎痘相关病毒（Grapevine rupestris stem pitting associated virus, GRSPaV）的葡萄品种Mantilaria和Prevezaniko，其中Prevezaniko品种的脱毒率高达92.85%，而Mantilaria品种的脱毒率仅为39.62%，结果表明利用热处理脱毒时，同种病毒在不同品种上的脱除率存在一定差异。这可能是因为不同品种经过热处理后产生的无毒区域不同。此外，对热处理不敏感的病毒利用此方法效果不佳。

5.3 超低温脱毒法

超低温疗法是近些年新兴起的一种基于超低温保存开发的脱毒方法。

由于植物顶端分生组织细胞能够分裂和自我更新，且具有排列紧密、体积小、细胞质浓稠、核质比高、无成熟液泡、自由水含量低等特点，经超低温（-196 ℃）处理后，细胞质保持无定形状态，或不会产生造成细胞死亡的微小冰粒，从而能够存活下来；而具有成熟液泡的已分化细胞含有大量的自由水，超低温处理后会形成树枝状冰晶，破坏细胞的膜结构，导致细胞死亡。超低温对植物细胞的选择性与细胞本身的特性有关，能够在超低温处理后存活的细胞为顶端分生组织细胞和部分叶原基细胞，因此，超低温处理不受茎尖大小的限制。故而可利用超低温处理对细胞的选择性杀伤的特点，最终获得脱毒的植株。

植物材料在超低温液氮（-196 ℃）中可长期保存，且可保证被保存材料的遗传稳定性，又具有存贮空间小和维护费用低的优点，也可作为种质资源长期保存的理想方法。

对已经侵入茎尖分生细胞的较难脱除的病毒，可以利用超低温疗法与热处理相结合将其有效消除。在茎尖进行超低温疗法之前对其进行热疗，更有利于抑制病毒复制和减轻超低温疗法对细胞的损伤。有研究表明，ASGV 比 ACLSV、ASPV 和 ApMV 更难以根除，冷冻疗法可以从苹果离体芽中根除 ASGV，但脱毒率低于 ACLSV、ASPV 和 ApMV。Liu 等（2016）剥离 1.0~1.5 mm 的茎尖，利用包埋脱水法有效脱除苹果砧木上的 ASPV，脱毒率达 80%~85%，但对 ASGV 的脱除率为 0，这可能和不同病毒感染植物不同的器官或组织的能力不同有关，因为 Liu 等（2016）发现在叶部 ASPV 比 ASGV 感染面积更大，而在茎尖则发现情况相反。Zhao 等（2018）的研究表明，苹果繁殖材料仅通过超低温处理而不进行热处理不能产生无 ASGV 的再生苗。而以苹果栽培品种 Malus xdomestica Gala 为材料，剥离 1.5 mm，含 2~5 个叶原基的茎尖，利用热处理与超低温处理相结合的方法达到对 ASGV 的脱除率为 100 %。

自 Brison 等（1997）首次报道脱除李痘病毒（Plum pox virus，PPV）后，目前，超低温疗法已被报道成功脱除不同植物中的 19 种病毒，包括在亚热带到温带等不同气候区域种植的一年生和多年生植物。该脱毒法包括玻璃化法、小滴玻璃化法、包埋脱水法和包埋玻璃化法等 4 种处理方式。Wang 等（2003）通过剥离 0.5~2.0 mm 大小的茎尖进行玻璃化处理，可对葡萄病毒 A（Grapevine virus A, GVA）达到 97% 的脱除率。Wang 等（2006）利用小滴玻璃化法、包埋脱水法和包埋玻璃化法 3 种脱毒方法成功脱除马铃薯感染的马铃薯卷叶病毒和 PVY，其中对 PLRV 的脱除率为 83%~86%，而对 PVY 的脱除率高达 91%~95%。

5.4 化学处理脱毒法

由于植物的抗病毒基因不是由单一的显性性状控制，不能被优先遗传，因此，一般化学防治所用的试剂不能控制病毒病害。然而，研究发现，一些试剂可以延迟或抑制动物病毒复制，后来逐渐应用于控制植物病毒的研究，并建立了植物病毒脱除技术体系。

对于植物病毒来讲，化学处理脱毒的主要机制是影响酶的合成。从病毒的吸附、渗透、脱衣壳、核酸复制和蛋白质合成的各个环节都有相应的病毒抑制剂。化学处理脱毒作用的主要机理是利用化学药剂来抑制植物病毒的复制，从而实现脱除病毒的目的。一般的方法为：首先获得待脱除病毒样品的茎尖培养植株，然后在进行离体植株培养的培养基中加入化学抑制剂，继代培养一定时间后，再取新梢在无化学抑制剂的培养基上正常培养，经病毒检测后，保留无病毒的植株。

目前，应用于植物病毒脱除的化学试剂有病毒唑、宁南霉素、5-二氢尿嘧啶、大黄素甲醚、盐酸吗啉胍、氯溴异氰尿酸、香菇多糖、壳寡糖等。其中，病毒唑是广谱性抗病毒药物，在三磷酸状态下会阻止病毒 RNA 帽子结构的形成，目前已成功应用于感染病毒的李、马铃薯和苹果树等植物。在 Paunovic 等（2007）研究中，60 mg/L 病毒唑对 PPV 的脱毒率达 16.66%；Danci 等（2009）在培养基中添加浓度为 35 mg/L 的病毒唑，可对引起马铃薯病毒病的 5 种病毒实现 60%~80% 脱除效果，比没有添加病毒唑的茎尖培养脱毒效果高 27%。Paprstein 等（2013）用 20 mg/L 的病毒唑对 ASPV、ACLSV 和 ASGV 均未达到脱除的目的，而用 100 mg/L 的病毒唑可实现 ACLSV 的脱除率达到 76%，同时可完全脱除 ASPV 和 ASGV。唐敏（2012）将 20 mg/L 病毒醚处理时间由 30 d 延长至 40 d 后进行超低温处理，两个白梨品种丰水和美人酥的 ASGV 脱除效率分别由 84.6% 和 60% 提高至 90% 和 80%。以上研究表明化学处理的脱毒效率与病毒种类、化学试剂种类、化学试剂浓度及化学试剂的处理时间有关。

有些病毒较难去除，单独使用化学处理很难达到脱毒效果，常将化学处理与其他脱毒方法相结合，包括化学处理分别与茎尖培养、热处理及低温处理相结合等。化学处理与热处理相结合的方法对山楂中的 ACLSV 的脱毒率能够达到 100%，而单独化学处理的脱毒率不能完全脱除 ACLSV。Chen 等（2010）仅通过化学处理或热处理后均未获得无花生斑驳病毒（Peanut mottle virus，PMV）的再生植株，但将抗病毒药剂、热处理和茎尖培养相结合进行脱毒时，脱毒率达 80%~100%。

Kushnarenko 等（2017）首次利用化学处理与超低温疗法相结合的方式对马铃薯进行脱毒，将离体芽在添加 100 mg/L 病毒唑的培养基中进行 3 次继代培养后，剥离 1.5~2.0 mm 的茎尖进行玻璃化法处理，可完全脱除马铃薯 M 病毒和马铃薯 S 病毒。后期可利用此方法对马铃薯感染的其他病毒包括马铃薯 X 病毒和马铃薯 Y 病毒进行脱毒研究。

5.5 其他脱毒方法

Lozoya-Saldaña 等（1996）用 5 mA、10 mA、15 mA 电流处理 5 min 或 10 min，可脱除马铃薯 X 病毒，脱除率为 60.0%~100.0%；左静静等（2019）在对马铃薯脱毒技术进行分析的基础上，就马铃薯脱毒种薯进行室内块茎拔高（50~80 cm）培养，切取大茎尖（0.8~1.0 cm）消毒、无菌培养，然后切取小茎尖（0.2 mm）以及茎尖重复培养，该方法对 PVX、PVY、PVA 以及 PSTVd 都具有很好的脱毒效果。

综上所述，目前的脱毒技术多种多样，各有优缺点，不同脱毒方法对不同种类的病毒具有选择性，脱毒效果不仅与脱毒方法有关，还与病毒的种类、病毒的特点及其含量、栽培品种差异有关。因此，在植物病毒脱除研究中，要综合考虑各种因素，选用适宜的植物脱毒方法，根据不同植物品种感染的病毒建立更为有效的脱毒技术是未来研究的重点。

目前植物病毒脱除技术应用的趋势是将不同的方法结合起来应用，从而达到脱毒的目的。常用方法包括热处理结合茎尖脱毒、热处理结合超低温疗法、茎尖嫁接结合超低温疗法等。加快抗病毒药物的研制是目前最直接有效的防治手段，但由于病毒本身结构简单，药剂可作用的位点少，可选择的药剂品种较少，而且部分合成药物对植物组织有损害，易于产生抗药性，防治效果一般在 40%~80%，治疗效果不理想。因此需要将抗病毒剂与其他脱毒方法相结合，目前常用化学处理分别与茎尖培养、热处理及低温处理相结合的方式进行植物脱毒。利用 CRISPR/Cas 介导的基因编辑技术，定点突变病毒侵染所依赖的宿主基因来获得病毒抗性，为创造抗病毒的作物品种提供了一条行之有效的途径。超低温处理脱毒法凭借其操作简便、实验周期短、脱毒效率高等优点迅速成为新一代植物脱毒技术，在植物脱毒中应用前景广阔。目前超低温处理只应用于十几种植物，因此更多的植物材料在超低温疗法上的脱毒应用，特别是超低温与其他脱毒方法相结合将是今后研究的重要方向。

5.6 PSTVd 脱除技术

PSTVd 在我国以及很多国家都是检疫性病害，也是最早被发现的类病毒。关于 PSTVd 的详细介绍见"4.1.2 类病毒"部分。

与病毒病相比，PSTVd 侵染马铃薯后脱除更加困难，因此，大量的种质资源和育种材料被 PSTVd 感染后，很多资源无法正常利用，表现好的育种材料也难以正常开展后续工作。因此，PSTVd 已经给马铃薯生产和育种等工作带来了很大的影响和损失。

对于 PSTVd 的脱除工作，很多人采用了与病毒脱除相同或相似的方法进行脱除，但一般效果都不太理想。一般可采取以下 7 种脱毒方法。

5.6.1　茎尖分生组织培养

利用茎尖分生组织培养的方法在脱除其他类病毒时有成功案例。分离 0.1~0.3 mm 茎尖后可有效脱除番茄中的柑橘裂皮类病毒（Citrus exocortis viroid, CEVd）、葡萄中的葡萄黄痘类病毒（Grapevine yellow speckle viroid, GYSVd）和啤酒花矮化类病毒（Hop stunt viroid, HSVd）。白建明等（2010）曾用茎尖分生组织培养法试图脱除 PSTVd 和 PVX，但 PSTVd 没有被脱除。尽管利用茎尖分生组织培养技术有脱除其他类病毒的报道，但对于 PSTVd 脱除成功的案例尚未见报道。

5.6.2　热处理结合茎尖培养脱毒

将热处理与茎尖培养结合起来可以更好地脱除病毒病，且该方法在病毒的脱除方面的确有一定的效果，在马铃薯病毒脱除方面也已经广泛应用。但是，对于 PSTVd 来讲，高温却可以促进 PSTVd 的合成，所以利用热处理结合茎尖培养对 PSTVd 的脱除效果并不好，报道的试验结果也不一致。Lizarraga 等（1980）利用热处理结合茎尖培养均未能脱除 PSTVd。冯光惠等以携带病毒的夏波蒂马铃薯无菌苗为材料，经过热处理后，剥离带 1 个叶原基的茎尖进行脱毒处理，试验结果显示 PSTVd 的脱毒率为 8.3%，二次茎尖剥离后脱毒率增加到 20.8%，脱毒率远低于 PVX、PVY 和 PLRV。

关于利用热处理结合茎尖培养的方法来脱除 PSTVd 的效果的报道并不一致，这种情况的发生可能与不同的人采用了不同的 PSTVd 检测技术和检测时期有关，不同的检测技术灵敏度差异较大，脱毒后的培养方法与检测时期对检测结果也有一定的影响。因此，该方法对于 PSTVd 脱除的效果有待于进一步研究。

5.6.3　低温处理脱毒

由于低温环境可以抑制 PSTVd 的复制，所以人们尝试利用这个方法来脱除 PSTVd。在茎尖培养前将植株放在 2~4 ℃低温条件下生长一段时间，是一种常见的类病毒脱除方法，该方法适用于脱除具有高温抗性的类病毒，如 PSTVd 等。Lizarraga 等（1980）利用低温处理（5~8 ℃）结合茎尖培养的方法脱除了一个 PSTVd 强毒株系。茎尖分生组织培养结合低温处理已经成为国内外脱除 PSTVd 的常规有效方法。

值得注意的是，在 PSTVd 阳性试管苗和块茎的日常保存工作中，长期 4 ℃左右保存后经常发生检测不到 PSTVd 的情况，而经过一段时间的回暖处理后，又可以检测到 PSTVd。其原因可能是 PSTVd 在低温条件下浓度降低，导致检测不到 PSTVd，温度提高后，其复制速度提高，从而又可以检测到 PSTVd 的存在。因此，用低温处理脱除 PSTVd 成功的情况下，也有可能仅是低温处理降低了 PSTVd 的浓度导致当时检测不到它的存在，但经过回暖处理后 PSTVd 浓度上升，依然可以检测到，所以，我们应关注后续的发展，避免出现假脱除[①]的情况。

5.6.4 超低温处理脱毒

白建明等（2010）尝试用超低温保存法和常规方法（茎尖分生组织培养、温热疗法以及温热疗法结合茎尖分生组织培养）来脱除马铃薯试管苗中的 PSTVd 和 PVX。研究结果显示：马铃薯茎尖经过超低温保存后，存活率和成苗率均高于茎尖分生组织培养、温热疗法以及温热疗法结合茎尖分生组织培养，但遗憾的是，上述方法都未能有效地去除 PSTVd。

李经纬（2019）利用马铃薯试管苗茎尖超低温保存技术保存 PSTVd，研究结果表明 PSTVd 的保存率为 100%，这表明用马铃薯茎尖超低温处理不能脱除 PSTVd。

5.6.5 化学处理脱毒

化学处理除可以脱除病毒以外，也可应用于类病毒脱除中。应用于植物类病毒脱除的化学试剂主要包括金刚烷胺（Amantadine）、病毒醚（Ribavirin）、硫脲嘧啶（Thiouracil）和水杨酸（Salicylic acid）等，其中，病毒醚应用最广，在感染类病毒的马铃薯等植物中均有应用，并获得了无病毒的植株。

一些研究表明，用 10 mg/L 硫脲嘧啶处理 30 d 后，马铃薯上 PSTVd 的脱除率达到 50.0%；用 10 mg/L 病毒醚、硫脲嘧啶和水杨酸分别处理 30 d 后，马铃薯上 PSTVd 的脱除率分别为 57.0%、50.0% 和 42.8%。上述研究结果表明化学处理可以有效脱除 PSTVd。经分析比较，化学处理的脱除效率与类病毒的种类、寄主种类、茎尖大小以及化学试剂浓度等因素有关。

5.6.6 不含叶原基的顶端分生组织再生脱毒

利用茎尖分生组织培养来脱除类病毒时，切取茎尖的大小与类病毒的脱除效率成反比，但与再生植株的成活率成正比。上述情况产生的原因是在茎尖分生组织中，距离生长点越远的组织其类病毒的含量也越高，反之亦然。因此，如果只切取顶端分生组织进行离体培养，则获得脱毒苗的概率会更大，而能否获得脱除类病毒的试管苗，除与成活率有关外，类病毒（PSTVd 等）在顶端分生组织存在与否是关键因素。

利用不含叶原基的顶端分生组织再生方法脱除类病毒，虽然在菊花矮化类病毒（Chrysanthemum stunt viroid, CSVd）上取得了成功，但在马铃薯 PSTVd 脱除上未见报道。

Zhu 等（2001）报道在感染了 PSTVd 的本氏烟（*N. benthamiana*）和番茄顶端生长

---

① 只是因为病原浓度低于检测方法的检出限，并非真正脱除了病原物。

组织未检测到 PSTVd，但 PSTVd 在马铃薯茎尖分生组织的定位情况未见报道。利用茎尖培养、热处理结合茎尖培养和超低温处理等方法脱除马铃薯中的 PSTVd 成功率较低甚至无法脱除，显示 PSTVd 在不同马铃薯品种的茎尖分生组织中或许分布不同，从而导致脱毒率亦不相同。

5.6.7 其他脱毒方法

左静静等（2019）对马铃薯脱毒的新方法进行了研究，该研究先切取大茎尖，经离体培养后再切取小茎尖，以及进行茎尖重复培养。研究结果表明，该方法对 PVX、PVY、PVA 以及 PSTVd 均具有很好的脱除效果（3 个感染 PSTVd 的样品均成功脱除）。此外，Mahfouze 等（2010）利用电流处理也成功地脱除了 PSTVd。总体来讲，PSTVd 的脱除工作非常困难。尽管有部分脱除成功的报道，但脱除率低、操作复杂、耗时较长。对马铃薯茎尖分生组织进行处理的过程越复杂，时间越长，获得的试管苗产生变异的概率也越大。因此，在采取化学药剂等方法处理马铃薯时，应尽量选择合适的药剂和浓度等，从而保持马铃薯的遗传稳定性，必要时，应对获得的无 PSTVd 材料进行鉴定，以确保其遗传稳定性。

另外，在实际工作中，经常发生一种异常现象：通过脱毒处理刚刚获得试管苗时检测不到 PSTVd，但经过一段时间的培养后，PSTVd 又重新被检测到（该现象在病毒脱除过程中也有发生）。其原因可能是当时获得的试管苗 PSTVd 含量在检测设备灵敏度范围以外，而并没有真正地被脱除，经过一段时间的繁殖，PSTVd 经过复制后在马铃薯体内的含量上升，又可以被检测到或表现出 PSTVd 症状。因此，在对经脱毒处理产生的试管苗进行 PSTVd 检测时，采取灵敏度较高的检测技术也非常重要，且最好可以培养一段时间后再重复检测，进一步确认 PSTVd 脱除效果，避免"假脱除"现象。

在 PSTVd 脱除方面，有些报道脱毒结果不同，其原因也可能与 PSTVd 检测方法和检测时期不同有关。

> ▶ 思考与练习 ◀
>
> 1. 植物脱毒技术主要有哪些方法？它们各有什么优缺点？
> 2. PSTVd 很难脱除，请你提出防控该病害的意见和建议。

6 马铃薯脱毒试管苗工厂化快繁

6.1 核心种苗的制备

6.1.1 脱毒材料的选择

进行茎尖分生组织培养之前,需要对马铃薯品种或品系进行田间株选和块茎选择。选择具有该品种典型特性、生长健壮的单株(或无性系),结合产量情况,选择高产、大薯率高、无病斑的块茎作为茎尖脱毒的基础材料,以确保脱毒后获得的试管苗保持原品种的优良特性,且健康状况相对较好。在脱毒材料充足的情况下,可以结合实际情况对脱毒材料进行筛查,尤其是对PSTVd这种非常难以脱除的病害进行筛查时,应选择未感染PSTVd的材料进行茎尖剥离,避免因PSTVd的难以脱除而影响生产进度。

马铃薯顶芽和腋芽均可适于茎尖脱毒。首先对入选的马铃薯块茎进行打破休眠和催芽处理,当块茎顶芽生长至1 cm后进行剥离处理。为了提高离体茎尖培养的成活率,应选择壮芽(芽的叶片未充分展开时,如马铃薯芽太老,组织不易分化和再生,而太嫩则培养周期长),在芽生长旺盛期采样,这时材料内源激素含量高,容易分化,不仅成活率高,而且生长速度快,增殖率高。所以,应提前安排好工作进程,避免将马铃薯芽放置太久再剥离。研究表明,如果把薯块放在较低的温度(约20 ℃)、散射光光照下进行萌发,并取其壮芽,就能获得较大的离体茎尖,越靠近顶芽其分生组织培养成芽率越高,距离顶芽越远,成活率就越低。

6.1.2 茎尖剥离(茎尖分生组织培养)

茎尖分生组织培养在日常工作中一般简称为"茎尖剥离",是马铃薯脱毒试管苗生产的关键环节,对操作人员的要求也较高。

6.1.2.1 茎尖剥离工作流程

一般的茎尖剥离工作主要包括(但不限于)以下步骤:材料选择→催芽处理→高温钝化(可选步骤)→外植体消毒→剥离和接种→茎尖培养→脱毒效果鉴定→脱毒苗快繁。

涉及的仪器设备主要有电子天平、恒温培养箱、蒸馏水器、高压灭菌锅、微波炉、超净工作台、40倍体视显微镜等。

6.1.2.2 茎尖大小选择

Mellor等（1977）研究了茎尖大小对马铃薯X病毒去除的影响，结果证明，茎尖大小能影响茎尖培养的脱毒率，茎尖越小，所取外植体含病毒量越少，脱毒率就越高，但小的茎尖较之大茎尖不易成苗。反之，茎尖越大，成活率增加，但脱毒率相对降低。如何保证既有较高的成活率，又能增加脱毒效果，茎尖大小的选择就显得尤为重要。由于对大多数植物来讲，叶原基是茎尖成活的必要条件，它提供茎尖生长和发育的内源生长素和细胞分裂素，因此，在培养中必须保留1~2个叶原基，既保证了一定的成活率，又能脱除大多数病毒。

6.1.2.3 培养基的影响

植物生长调节剂可以调节培养基的理化环境，促进马铃薯茎尖生长，其种类和浓度对茎尖生长和发育具有重要作用，其中细胞分裂素、生长素、赤霉素对调节马铃薯茎尖分生组织在培养基中的生长作用尤为明显。研究证明，细胞分裂素以6-BA为主，是诱导茎尖产生丛生芽的主要物质。赤霉素GA_3也是诱导茎尖生长的物质，生长素用来控制茎尖成活和苗分化，NAA比IAA的效果更好。研究表明，MS+6-BA 0.1 mg/L+GA_3 0.1 mg/L+NAA 0.05 mg/L+泛酸钙 0.5 mg/L 茎尖培养基的效果较好，茎尖诱导成活率在95%，且愈伤组织量越少，激素对茎尖的伤害就越小。

6.1.2.4 培养条件

最初的最适光照强度是1 000 lx，这样有利于茎尖的成活，2周后再增至2 000~3 000 lx。培养室温度保持20~23 ℃，光照时间16 h/d，培养瓶内茎尖生长点明显变大变绿，30~40 d即可看到明显伸长的小绿生长点，叶原基形成可见小叶，2个月后可转入无激素的MS培养基中，小苗继续生长，并形成根系，发育成7~8个叶片的小植株，将其按单节切段，进行扩繁成苗后，用于病毒检测。

茎尖剥离后不同培养阶段如图6-1所示。

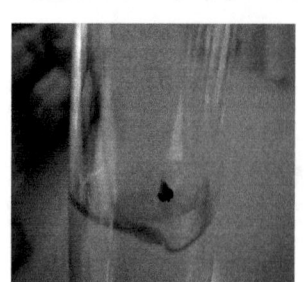 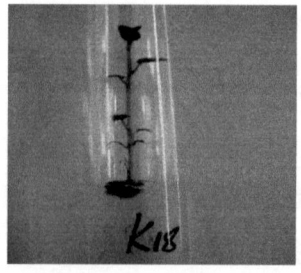 

茎尖生长点（1个月）　　　　茎尖苗（3个月）　　　　核心种苗（5个月）

图6-1　茎尖剥离后不同培养阶段发育情况

（资料来源：黑龙江省农业科学院经济作物研究所）

6.2 马铃薯脱毒试管苗工厂化快繁

6.2.1 马铃薯试管苗扩繁

在无菌条件下，采用无菌操作技术将试管、三角瓶或组培瓶等容器中的脱毒种苗按单节切段，每节带 1~2 个叶片，转接于 MS 培养基上，每管接种 1~2 株或每瓶接种 20 株左右（视培养容器大小调节接种密度），将茎段下端轻轻插入培养基或分散平铺于培养基上，接好后用棉塞塞紧瓶口，并用牛皮纸或锡箔纸包扎后，及时记录品种代号和接种日期、接种人员等信息，避免品种混杂。3~4 d 后茎段就能从叶腋处长出新芽和根。培养室温度保持在 20~23 ℃，光照强度 2 000~3 000 lx，光照时间 16 h/d，相对湿度保持在 60% 左右条件下培养 20~30 d，待长成 6~7 cm 带有 7~8 个叶片的小植株时，再将其按单节切段继续扩繁。扩繁量基本可以按指数增长。

6.2.2 马铃薯脱毒苗快繁优化技术

随着脱毒技术的普及和推广应用，马铃薯的脱毒组培生产正以前所未有的速度迅猛发展。目前，简化组培工艺环节是高效、低成本工厂化生产的关键环节，使马铃薯组培技术向简单化、大众化的方向发展，为马铃薯组培产业化发展开辟一条新路，从而加快我国马铃薯脱毒试管苗组织培养产业的快速发展，促进脱毒马铃薯种薯的推广应用。

马铃薯试管苗工厂化生产技术优化主要从碳源、水源、培养基成分、接种方式、培养方式、培养条件等 9 个方面进行。

6.2.2.1 碳源

研究表明，随着碳源浓度的增加，试管苗扩繁性状明显增强，从降低生产成本的角度分析，使用白糖和蔗糖没有明显差异。因此，在马铃薯试管苗工厂化生产中，为了降低成本完全可以用食用白糖代替试剂蔗糖作为培养基的碳源。

6.2.2.2 水源

一般情况下，在马铃薯脱毒试管苗扩繁期间，将 pH 值调到 5.8 左右，自来水代替去离子水对幼苗生长无影响。研究证实，雨水配制的培养基更有利于试管苗快繁。但在具体生产过程中，要根据当地的自来水和空气污染情况具体问题具体分析。

6.2.2.3 固化物

目前，在马铃薯试管苗组织培养中有液体培养和固体培养 2 种方式，其中以固体培养方式居多。在实际生产中，液体培养的组培苗与固体培养相比，存在繁殖周期短、组培苗较健壮的优点，但同时具有繁殖系数低、污染率相对高、组培苗易沉入培养液中窒息不生长等缺点，不利于大规模工厂化快繁。因此，固体培养方式仍是马铃薯组培苗生产的主要方式。培养基中各种凝固剂的成本和使用效果一直在被不断地探讨和改进，常用凝固剂大致有 4 种：第一种为最常用的固体培养基凝固剂琼脂，它具有提高黏度、形成凝胶和保持水分的作用，但是透明度略差；第二种以卡拉胶为培养基的凝固剂，卡拉胶的凝胶透明度和可逆性及抗酸性方面都优于琼脂，且试管苗健壮、生长快、成本低；第三种以冷凝胶为培养基的凝固剂，与琼脂相比省去了熬煮凝固剂的过程，可以直接罐装，节省了能源和人力；第四种以倍力凝为凝固剂，纯净性和透明度优于前三种凝固剂。培养基中凝固剂的透明度对及时剔除组培苗培养过程中污染的试管苗是非常重要的，尤其是组培苗生长初期能及早观察到根系发育状况、根部是否有内生菌等。若透明度和培养基的硬度不合适，观察试管苗是否被极微量的内生菌污染变得非常困难，会导致后续扩繁组培苗的污染率升高。相比之下，倍力凝凝固性相对稳定、透明度好，四种培养基的透明清晰程度的排列：倍力凝＞冷凝胶＞卡拉胶＞琼脂（居玉玲，2021）。在实际工作中，我们在选用凝固剂时还要考虑成本因素。

6.2.2.4 培养基成分

马铃薯脱毒苗生产以 MS 为基本培养基，但在生产中发现，MS 培养基中除去有机成分对马铃薯脱毒苗影响不大（即继代培养结果相同），说明马铃薯脱毒试管苗生长对有机营养的需要不完全来自培养基，试管苗可合成自身生长所需要部分有机营养。由此，为了降低成本，同时提高工作效率，可以考虑省去培养基中的有机物质。

6.2.2.5 培养条件

光照强度和光质都可以影响马铃薯脱毒苗的生长。试管苗放在日光温室内或者散射自然光照下培养，其生长情况明显优于在人工光照下培养。加入外源激素 B_9（5 mg/L），同时在光照培养后期采用自然光代替日光灯的光源培养方式，对试管苗的生长有一定的促进作用，并使叶色变浓绿、叶片数增加，提高了试管苗繁殖倍数，达到既壮苗又降低生产成本的效果。

6.2.2.6 接种方式

马铃薯试管苗接种时一般有 2 种方法，即茎段扦插与平铺，扦插的马铃薯继代苗由于茎段切口处和培养基中的营养物质直接接触，而平铺的继代苗则是切口处部分接触，不利于继代苗对营养物质的吸收，所以平铺的马铃薯继代苗的生长速率小于扦插的马铃薯继代苗的生长速率。但是由于采用平铺法进行继代培养时减少了试管苗与接种器具的直接接触，所以污染率大大降低，并且由于减少插苗的程序，加快了接种速度，提高了生产效率。在马铃薯试管苗大规模扩繁时，一般都采用平铺法。

6.2.2.7 培养方式

液体培养基由于改善了营养吸收环境，使之更有利于根系发育和营养快速吸收，且液体培养由于省去了琼脂等固化物，每瓶液体培养基用量为固体培养基的 1/3~1/2，在液体培养基中生长的脱毒苗移栽时无须洗去固化物，操作简单，节约用工，降低了生产成本，且减少了对根的损伤。因此，在实际组培生产中，前期的继代培养可以使用固体培养的方式，最后一批扩繁的时候可以考虑使用液体培养基，以便下一步生产马铃薯原原种时便于试管苗的移栽。

6.2.2.8 留茬繁殖

马铃薯试管苗工厂化快繁的工作中，刚刚获得经检验质量合格的核心种苗时，试管苗的数量相对较少。因此，为了满足生产上对试管苗数量的需求，需要尽快扩繁出更多的试管苗。为此，人们利用"留茬繁殖"的方式大大提高了试管苗的继代效率。在试管苗长至 7~11 片叶时，剪取上部 6~10 节茎段（每段带 1 片叶）接入增殖培养基中，瓶内基部留 1~2 节茎段连同根一起于原培养基中继续培养，在此期间补充液体 MS 培养基，留茬培养可以连续 3 茬。因此，在留茬培养中保证壮苗的最佳世代数为三代。陈丽华等（2003）采取在培养瓶中留茬并补加液体培养基的方法使每瓶母苗可重复利用 4~5 次，在较短的时间内较大地提高了试管苗的繁殖系数。在相同时间内，把马铃薯试管苗的繁殖倍数由常规繁殖方法的 9 倍提高到 31.4 倍。

6.2.2.9 激素壮苗

许多研究者在培育壮苗时添加植物生长调节剂，常用的有 6-BA、NAA、KT、GA_3 等激素。2,4-D 对试管苗株高的作用最显著，5 种激素对试管苗株高的影响顺序为 2,4-D>NAA>6-BA>GA_3>KT；NAA 对试管苗叶片生长作用最显著，5 种激素对试管苗叶片生长的影响顺序为 NAA>KT>6-BA>2,4-D>GA_3。

6.2.3 马铃薯脱毒苗快繁过程中污染的防控

马铃薯脱毒苗快繁过程中经常出现不同程度的污染，造成严重的经济损失，而且还有可能导致组织培养工作的中断。因此，控制污染是组织培养过程中的重要环节。

6.2.3.1 主要污染病原及表现

从污染产生的病原看主要有真菌和细菌两类。细菌污染在接种后 1~2 d 即可出现，常表现为在培养基或材料表面出现液状物体、菌落或浑浊的水迹。真菌污染其症状出现慢，一般在接种后 5~10 d 才有所表现，真菌污染在初期如针状的雾斑，以后长出菌丝，继而很快出现青、黑、黄、白等孢子。

6.2.3.2 马铃薯脱毒苗快繁过程中污染防治措施

（1）接种前消灭污染菌源。定期用消毒剂熏蒸，杀灭空气中的污染菌。

（2）接种时严格无菌操作。在每次接种前，接种室和超净工作台用紫外线灯光照射，杀菌 30~35 min，用 75% 酒精做降尘处理（喷雾），接种时瓶口靠近酒精灯火焰，每接一瓶所用工具消毒一次。

（3）脱毒苗快繁过程中污染的防治。

①细菌。内生细菌由于它潜伏得较深，随着继代次数的增加，菌量慢慢累积发展才在培养基上显现出来。试验证明，可通过在培养基中添加抗生素（青霉素）来防止细菌等内生菌污染，青霉素浓度 100 mg/L 对试管苗生长的促进作用增强，抗生素时效为 20 d 左右。

②真菌。真菌里又以青霉菌污染较多，浓度为 0.6~1.0 g/L 的五氯硝基苯对马铃薯组织培养过程中真菌污染有防治效果，其抑菌率达到了 70%~80%，对马铃薯试管苗的生长没有阻碍作用。

6.2.4 马铃薯组培室管理及注意事项

马铃薯组织培养室应建立严格的日常管理制度，并宣贯到每位工作人员，确保在脱毒马铃薯试管苗扩繁期间，严格管理接种室和培养室的环境，经常进行消毒，避免造成污染。工作人员要经常巡视培养室，发现污染等问题要及时处理。

在制备核心种苗时，虽然已经对种苗进行了病毒等质量检测，但仍然可能因为病原浓度较低导致出现假阴性的结果，这样的核心种苗在后续的扩繁过程中，这些少量的病毒可能继续复制、繁殖，降低脱毒种苗的质量。因此，马铃薯组培苗在扩繁过程中也应抽取 1%~2% 的试管苗进行质量检测。

一般来讲，很多马铃薯种薯生产单位或者科研单位都会以试管苗的形式保留一些资源，或用于生产，或用于科研、育种，这些资源长期反复扩繁，容易引起病毒的交叉感染，导致健康的脱毒种苗被再次侵染。因此，在生产中扩繁脱毒试管苗时，使用的剪刀等器械应与保存种质资源的器材分开，避免交叉感染，导致脱毒试管苗重新感染病毒等病害。

6.3 马铃薯脱毒试管苗的长期保存

6.3.1 脱毒试管苗长期保存的意义

在马铃薯脱毒试管苗的工厂化生产工作中，核心种苗的获得耗费的时间较长，病害检测的成本也比较高。因此，一般可将获得的核心种苗进行长期保存，后续生产中备用。马铃薯的种质资源也经常采用离体保存的方法进行长期保存。无论哪种情况，在保存过程中都应避免反复扩繁造成污染或产生变异。但马铃薯脱毒试管苗在正常环境中保存生长速度比较快，短时间内就需要进行多次继代扩繁，过程复杂，费时费工，且容易造成污染，同时还会因继代次数过多而发生变异，出现幼苗细弱、移栽成活率低等问题。因此，试管苗的长期保存方法成为了人们关注的问题。

6.3.2 试管苗长期保存的方法

目前,应用无菌试管苗保存植物种质资源和核心种苗(经过脱毒后检测健康的,用于工厂化快繁的试管苗),最常用的方法是常温限制生长保存。即在常温培养条件下,通过在培养基中加入化学物质或采用一些物理方法,限制或延缓培养物生长,达到保存种质的目的。限制生长保存时内部生长因子的调控主要包括贮存培养基成分的选择和生长抑制物质的应用两部分。贮存培养基一般用基本培养基 MS、1/2 MS 或 1/4 MS,添加 2%~4% 的蔗糖,固体培养。生长抑制剂主要选用对保存材料的再生能力、遗传稳定性无影响的物质,常用的有脱落酸(ABA)、氯化氯胆碱(俗称矮壮素,CCC)、多效唑(PP333)等。

植物试管苗的生长抑制剂保存,是将植物试管苗置于添加了一定量的生长抑制剂或延缓剂的培养基中培养,延缓试管苗的生长,减少培养基的营养消耗,以达到延长继代时间和长期保存的目的。这种方法可以有效延长试管苗的保存时间,同时适宜的延缓剂浓度还能够使试管苗更加粗壮,起到复壮的作用。植物生长延缓剂可抑制试管苗顶端优势,缩短节间距离,从而有效延长试管苗保存时间。在植物离体保存中,使用生长抑制剂限制试管苗生长,实现长期保存的目的,是比较方便、有效的离体种质保存方法,该方法在马铃薯、柑橘、葡萄等无性繁殖作物的种质资源保存中都得到了广泛的使用。

在培养基中加入甘露醇、山梨醇等渗透压调节剂来提高培养基的渗透压。另外,控制光照、降低培养瓶内的氧分压等措施也可延缓试管苗的生长。刘江娜等(2015)以 MS 为基本培养基,添加不同浓度的植物生长延缓剂比久(B_9)和 CCC,结果表明 50 mg/L 的 B_9 对马铃薯脱毒试管苗有较好的保存效果,能够使保存期有效延长至 12 个月,成活率可达 90%;而 500 mg/L 的 CCC 则更有利于马铃薯脱毒试管苗的复壮,能够使其移栽成活率达到 95%,且移栽后缓苗期短,生长旺盛。

此外,通过低温(一般 4 ℃)及调节碳源浓度也可有效延长马铃薯脱毒试管苗的保存时间。将低温和植物生长抑制剂结合使用保存时间更长。邹剑锋(2007)在 MS 培养基内添加不同浓度的 CCC、PP333、MH(Maleic hydrazide,青鲜素)和蔗糖等,结合 4 ℃ 的低温处理,发现 MS+CCC 600 mg/L 结合 4 ℃ 的低温处理可将马铃薯试管苗的继代时间由 100 d 左右延长到 240 d 以上。而且,保存后的材料转接到新鲜的培养基中,通过常规继代培养后很快即可恢复生长。

6.3.3 试管苗的长期保存需要注意的问题

降低保存试管苗生长速度的方法有很多,可以单独使用,也可以不同方法相互结合起来使用(居玉玲,2021)。但无论是哪种方法,在试管苗保存过程中,都要注意以下问题。

（1）保存的资源的遗传稳定性，避免产生变异，有必要的情况下可以使用随机扩增多态性 DNA（Random amplified polymorphism DNA, RAPD）等分子标记技术鉴定其遗传稳定性。

（2）试管苗在长期保存过程中注意避免污染也是至关重要的，尤其是稀缺资源，一旦因为污染而丢失，将会造成不可挽回的损失。一旦发生了污染的情况，要及时想办法补救，避免导致更严重的后果。通常接苗后第4天挑选污染苗（即及时到培养室进行检查，将发生污染的试管苗及时挑出，气温高、湿度大时可更早些进行此项工作），要分析污染是由于接种时环境不洁净、操作不当还是母苗不干净造成的。若是母苗造成的，需加强母苗的挑选，观察根系和试管口是否有缝隙和污染点；若根系有问题，在转接试管苗时，应只接种生长点。

（3）组培关键环节的消毒。若试管口有污点，可先将试管口用75%的酒精擦洗，再用酒精灯将试管口一周进行灼烧，然后再将试管苗转接出来；若是因为试管帽或封口膜不严密和环境不洁净造成的，发现污染立刻挑出来并及时处理，用75%酒精浸泡25~40 s，无菌水清洗2~3次，根据植株大小再用0.1%升汞处理100~110 s，或用10%次氯酸钠（NaClO）处理5~10 min，无菌水清洗3次，在滤纸上吸干水分（灭过菌的滤纸需在酒精灯的火焰上灼烧一下，滤纸干则吸水速度快），将试管苗转接到新的培养基上，以便继续保存马铃薯抗病毒资源。

6.4 马铃薯组培苗异常现象及解决措施

在马铃薯组织培养工作中，经常会出现各种异常的现象，如组培苗叶肉缺失、茎秆出现黑褐色条纹斑或浅黄褐色小包、组培苗生长点弯曲等。了解这些现象产生的原因并采取恰当的措施对马铃薯试管苗工厂化快繁工作的顺利开展非常重要。下面针对生产中经常出现的不正常现象进行逐一介绍。

6.4.1 无菌虫害——葱蓟马

在马铃薯组培苗继代繁殖过程中，有时会出现组培苗叶片有叶肉缺失、叶片变黄的情况，严重时可导致叶片脱落、萎蔫，而培养基表面却未见真菌、细菌（包括内生菌的菌落）等污染情况，严重阻碍了组培苗的扩繁。这种现象在国内的茎尖剥离苗和继代繁殖的组培苗中都有发现，因此，引起了研究人员的注意，并对该种危害症状进行了鉴别，提出了有效的防治措施。

在无菌组培瓶苗内，发现有叶肉缺失，叶片鼓起很微小的包，叶片由绿变黄或有落叶症状时，将瓶苗挑出来，打开瓶盖用肉眼直接观察和用鼻子嗅闻带症状的叶片，没发现任何致病菌。在双筒解剖镜下放大 40 倍观察，发现叶片上的叶肉缺失处有微小的物体（0.2~0.4 mm）在游动，但是看不清楚具体是何种生物。通常在培养组培苗期间，除了植物组织在适当的温度和光照条件下生长以外，培养器皿内无菌或无其他任何生物。为了确认微小的无菌游动物体是何物，将类似症状的组培苗继续培养，并每天观察，无菌游动物体每天在增大，在 7 d 左右不再增大，行动迟缓，又过约 6 d，无菌游动物体变成了带翅膀的浅褐色小昆虫。发现给组培苗造成危害的元凶是小小的昆虫，为了有目标地根治这种无菌害虫，需要确认该虫在生物界的位置，将成虫制成玻片，在显微镜底下根据昆虫分类索引进行分类，认为该昆虫是蓟马，随后请中国科学院动物所专家进行分类鉴定，确认为葱蓟马 [*Thrips tabaci* (Lindeman)]，属缨翅目，蓟马科，也称烟蓟马、瓜蓟马，俗称鸡虱子，生活史为卵、若虫、成虫。据报道，葱蓟马通常危害大田作物，如棉花、烟草、瓜类、马铃薯、甘蓝、甜菜、葱、洋葱、蒜、韭菜等 20 余种作物，是一种杂食性害虫。葱蓟马从植株组织培养的源头微茎尖剥离或外植体消毒的环节入侵，该虫卵非常小，抗逆性强，经得住杀菌剂的消毒，使其成了无菌昆虫。该虫可以进行孤雌生殖，生长温度与组培苗生长温度相同，因此有了生存的环境，其他入侵组培苗的途径还需进一步研究。明确了造成该现象的原因后，研究人员在防治蓟马类的药物中筛选出适合加入培养基内的杀虫剂。他们先后采用了不同种类不同浓度的杀虫剂进行试验，如噻虫嗪（阿克泰）水分散粒剂、氟虫腈（锐劲特）胶悬剂、吡虫啉水分散粒剂、啶虫脒可湿性粉剂和吡虫啉可湿性粉剂，最终发现在 MS 培养基内加入 10% 吡虫啉可湿性粉剂，浓度为 2 000 倍，可有效地防治葱蓟马对组培苗的侵害，在组培苗继代繁殖中，不再出现叶肉缺失、鼓起很微小的包、叶片变黄脱落等症状，组培苗能茂盛健康地生长。除了在培养基内加入杀虫剂吡虫啉，同时还要对超净工作台、缓冲间、组培室和周转筐喷洒杀虫剂，杀灭环境中的蓟马，注意组培室内和户外的周转筐和容器一定要分开使用，以免室外的昆虫被携带进组培室。

葱蓟马危害马铃薯组培苗的症状：叶片形成许多细密而长形的灰白色斑，叶尖枯黄，严重时成黑色斑点，叶片扭曲枯萎，在棉塞上能观察到葱蓟马的成虫。

吡虫啉（imidacloprid），化学名称 1-（6- 氯吡啶 -3- 吡啶基甲基）-N- 硝基亚咪唑烷 -2- 基胺，内吸性试剂，具有触杀和胃毒作用，容易被组培苗根系吸收，并进一步向顶分配，起到杀虫效果。吡虫啉熔点高达 144 ℃，因此在制作组培苗培养基时能耐高压灭菌，性能稳定。吡虫啉对各龄抗性害虫有特效，与其他农药无交互抗性，具有超强渗透性。

6.4.2 组培苗茎秆出现黑褐色条纹斑点

有些马铃薯品种如夏波蒂，当生长环境不适宜时，其组培苗生长中会在茎上出现黑褐色斑点，而茎秆并无杂菌感染，茎秆坚挺不软。

通过对上述茎秆表皮形态压片观察，发现植株表皮无病原菌感染，而表皮秆出现龟裂纹，初步诊断为苗弱、光照强所造成的灼伤。此类组培苗经继代繁殖后，可健康生长，无污染。

6.4.3　组培苗茎秆出现浅黄褐色小鼓包

马铃薯组培苗茎秆出现浅黄褐色小鼓包时，若打开瓶盖无味，一般情况下应是无污染。

将浅黄褐斑小鼓包部位表皮组织压片观察，表皮组织和细胞形态与茎秆正常部位无明显差异。

产生浅黄褐色小鼓包的物质是一种生理反应，可能影响导管输运。或者是导管功能异常导致产生浅黄褐色物质鼓包，该推测还待进一步证实。

将带黄褐色小鼓包茎秆的生长点，单株转接到组培瓶内，在正常的生长环境条件下，其生长可恢复正常。因此这类在不适宜的环境下，出现带黄褐色鼓包的生理现象的植株苗，可以继代扩繁，继代后的苗放置在理想的生长条件下，植株完全可恢复正常生长。

6.4.4　弯钩组培苗

在马铃薯试管苗工厂化生产中，有些组培室为了避开用电高峰，或节约用电，会将白天光照培养改成晚间光照培养，或将 16 h 的连续光培养改为间歇性光照培养，培养期间关闭光照，间隔 2~3 h，再供给光照，同时组培室日累积温度偏高，就会造成组培苗生长点弯钩、不开叶，我们将这种现象称为"弯钩"现象。若将光照与温度同步，昼夜有温差，夜间黑暗，白天有光照，组培苗会逐步恢复正常。

6.4.5　烂头苗

在马铃薯组培苗生产中，偶尔会发现有一类异常的组培苗，其培养基和根系上均没有明显的杂菌感染，但是组培苗的生长点或组培苗的上半部有萎蔫的现象，此时，打开瓶盖能闻到细菌感染叶片的酸味，这类苗只能弃之不用，不能剪掉萎蔫的部分继续再扩繁。这种细菌感染是由于封口膜或瓶盖有细小的缝隙，培养温度落差过大，瓶内充满水气，有细菌进入组培瓶感染了组培苗；或无菌接种室环境消毒不彻底，空气中有细菌落在植株叶片上，慢慢滋生了细菌。通常在无菌接种室启用前，超净工作台和无菌室必须用 75% 酒精进行空气消毒，其他消毒剂不能有效地抑制空气中的细菌感染。

6.4.6　强光、低温对组培苗的冷灼伤

在马铃薯种苗组培过程中，因白天过渡到晚上时温度偏低，低于 15 ℃，但光照强

度犹如白天，没有变化，这种情况会造成组培苗嫩尖冷灼伤，灼伤的症状从瓶外看像组培苗生长点腐烂，但不倒，仔细观察是茎叶冷灼伤，无腐烂的细菌味，可继续扩繁，无污染现象。

有时培养光照长度和强度都比较合适，只是夜间温度过低，日累积温度不够，组培苗可能出现复叶。应提高温度，晚间温度在 17 ℃左右，白天在 23 ℃左右，组培苗就可正常生长。

6.4.7 组培苗叶片发黄

马铃薯种苗组培苗培养中，通常会出现两种不同情况的黄叶。第一种是组培苗的底叶发黄，最后枯落，这种情况是由于母苗在生长中光照不够，叶片薄，干物质累积比较少，当继代扩繁后，茎段的养分供给发根和新叶腋的生长，造成底部叶片养分不足而发黄。第二种是整个植株从上到下都出现叶肉发黄，是由于 MS 培养基配制时，螯合铁液变成棕红色铁沉淀导致植株缺铁。

螯合铁在 MS 培养基中的作用是至关重要的，硫酸亚铁又称黑矾或绿矾，蓝绿色结晶体，化学性质不稳定，在空气中被氧化成棕红色的硫酸铁，在强光和高温下容易与磷酸盐形成难溶的磷酸铁沉淀，不能被植株吸收。因此，常常把硫酸亚铁（$FeSO_4 \cdot 7H_2O$）与乙二胺四乙酸二钠（EDTA–2Na）螯合形成乙二胺四乙酸二钠铁，溶于水又稳定，效果最好，植物易吸收，若螯合液呈棕红色铁沉淀就不宜使用。

6.4.8 组培苗只长茎，不长叶片，茎秆颜色有深有浅

有些马铃薯组培苗在生长过程中表现为只长茎，不长叶，而且茎秆颜色深浅不一。这类组培苗由于在扩繁时，组培苗撒（或插）得过密，培养温度太高，夜间低温时间太短，因而不适宜长叶片，植株不能正常光合作用，光吸收得过多的茎会发紫，光吸收得少的茎的颜色浅。通常每株组培苗占 1.4~1.6 cm^2 的培养基，一个高 9~12 cm、直径在 6 cm 左右的 250 mL 培养瓶，培养基厚度在 1.8 cm，插 16~18 株组培苗是比较适宜的。昼夜有温差，黑暗最低温度需在 17 ℃左右，白天温度控制在 23 ℃左右，光照强度在 3 000 lx，组培苗会恢复正常生长。

6.4.9 组培苗基部长出气生薯

出现这种异常现象，通常是由于苗龄时间太长、培养温度偏低、光照时间太短，从而造成腋芽处形成小薯或底部结薯。

6.4.10 光弱、苗细

不同的马铃薯品种需要的培养条件是有差异的，有些品种需较强的光照，这样的

品种采用相同的培养基，相同的生长日期，相同的光照长度，在不同的光照强度下，组培苗的长势完全不一样。在低于 2 500 lx 光照强度下，组培苗生长弱；而在 5 000 lx 下，组培苗健康生长且茎叶茂盛。因此，生产上大量使用的试管苗应根据不同品种对光照的要求选择不同的光照条件，以利于其健康生长。

6.4.11　化学材料称量不准

在马铃薯组培过程中，有时会出现组培苗生长不正常现象，如不发根、叶小、不拔节或拔节太长等。其中有一个原因是化学试剂称量不准确。生产中应及时发现组培苗生长的差异，如果连续继代繁殖两代，尚未发现称样出错，组培苗会越长越差。

6.4.12　组培苗叶片出现小黄点状的愈伤颗粒

有些品种对低温高湿比较敏感，当夜间温度低于 15 ℃，瓶内相对湿度在 85% 左右时，会有组培苗叶片出现小黄点状的愈伤颗粒的生理反应。组培苗扩繁后，在正常的条件下生长，这种愈伤颗粒消失，恢复正常，这类苗可以继续扩繁。

6.4.13　组培苗叶片上出现黑斑成片的症状

在马铃薯试管苗组织培养工作中，有时会出现在组培苗叶片上会出现成片的黑斑，但培养基上没有杂菌污染斑点的现象。叶片病斑部位叶肉组织已基本消失，强光可以直接在病斑部位穿过。取病斑部位组织在水中压碎涂布显微观察，能见到大量游动微生物。将组织液固化后采用亚甲蓝染色观察，能见到大量微生物细胞，综上观察可知黑斑成片是某种病原微生物所致，因此应销毁此类组培苗，不能用于进一步扩繁。

▶ 思考与练习 ◀

1. 生产马铃薯核心种苗时，在材料的选择上应注意哪些问题？
2. 茎尖分生组织培养时，如何协调脱毒率和成苗率之间的关系？
3. 马铃薯脱毒苗快繁过程中如何防控污染？

7 马铃薯脱毒试管苗质量检测

无论通过哪种脱毒处理途径所获得的试管苗都必须经过严格的病毒检测、马铃薯纺锤块茎类病毒检测和农艺性状的鉴定，证明确实无病毒、无 PSTVd 存在，是农艺性状优良且保持了原品种特征特性的株系才能作为健康种源在生产上应用。因为采用茎尖分生组织培养的方法虽然可以获得脱毒苗，但因茎尖大小不同、品种不同以及感染的病毒种类的不同，脱毒效果存在一定的差异，并非经过脱毒处理后就一定能够获得健康的试管苗。因此，茎尖剥离获得马铃薯试管苗后，必须对其进行质量检测。一般根据 NY/T 401—2000《脱毒马铃薯种薯（苗）病毒检测技术规程》的最新（有效）版本及其他相关标准进行质量检测，从而确定所获得的试管苗的健康状况。只有经检测合格的试管苗方能作为工厂化扩繁的核心种苗。

在茎尖剥离时，核心种苗每株都必须经过严格检测，并建立科学合理的编号制度和管理方法，确保每一株核心种苗都拥有唯一编号。要采用可溯源的管理模式，在后续大规模扩繁时应标注该编号，确保后期生产出的马铃薯试管苗都可以追溯其质量，从而可以有效把控脱毒马铃薯试管苗的质量，一旦出现质量问题可以针对性处理。

另外，在对马铃薯进行茎尖剥离和培养的过程中，各种理化因素可能会引起突变，所以，在获得马铃薯脱毒试管苗后，应抽取部分试管苗进行种植，观察其是否符合该品种的特征特性、有无突变等，在确保核心种苗健康的同时，保证品种的稳定性和一致性。当然，马铃薯育种家则可以在其中筛选产生突变的材料用于马铃薯育种，或许可以获得好的突变材料。

7.1 马铃薯病毒、类病毒常用的鉴定方法

马铃薯病毒和马铃薯纺锤块茎类病毒的鉴定方法主要有 5 种，即生物学法（指示植物法）、血清学法（酶联免疫吸附法）、往返双向聚丙烯酰胺凝胶电泳法（Return-polyacrylamide gel electrophoresis，R-PAGE）、电镜检测法以及分子生物学法等。

7.1.1 生物学法（指示植物法）

传统的生物学鉴定方法是以植物病原在寄主上是否表现症状作为识别病害和鉴定病原的基础。该方法一般分为目测法和指示植物法2种。前者主要利用病原在寄主上的症状来区别寄主是否受到感染；指示植物法则是利用一些模式植物上出现的特征来鉴别是否存在病原感染的方法。生物学法可以用于鉴定病毒及类病毒。但该方法具有一些缺点，如鉴定周期长，受温度、光照等环境条件影响较大等。该方法可以通过症状表现的严重程度来鉴定病原不同株系的致病力。具体操作方法为：取马铃薯病株叶片，用汁液摩擦、介体昆虫或嫁接等接种方法（具体采用何种方法依病原的传播方法而定），接种在鉴别寄主上，之后观察其症状的反应，确定马铃薯内有无某些病毒或类病毒。此种方法条件简单，操作方便，故一直沿用至今，是一种经济有效的鉴定方法。1964年，Raymer等利用番茄作为PSTVd的指示植物进行了PSTVd的鉴定。该方法是利用生物学方法检测PSTVd最基本、最早的方法，目前仍然是研究PSTVd及其相关领域不可或缺的基本方法。

（类）病毒的生物学鉴定按其接种方法可分3种：汁液摩擦接种法、嫁接鉴定法、蚜虫接种法。具体发病症状见表7-1。

表7-1 几种主要病毒和类病毒在特定鉴别寄主上的症状（李芝芳，2004）

病毒名称	接种方式	在特定鉴别寄主上的症状
PVX	汁液摩擦	千日红：接种5~7 d后接种叶片出现紫红色环状枯斑； 白花刺果曼陀罗：接种10~12 d后系统花叶； 指尖椒：接种10~12 d后接种叶片出现褐色坏死斑，以后系统花叶； 毛曼陀罗：接种10 d后，接种叶片出现局部病斑及心叶花叶
PVY	汁液摩擦（或蚜虫）	普通烟：接种初期明脉，后期有沿脉绿带斑症； 洋酸浆：接种10 d后接种叶片出现黄褐色枯斑，以后系统落叶症（16~18℃）； 枸杞：接种10 d后接种叶片出现不清晰的褐色局部病斑； 马铃薯A6：接种5~10 d后接种叶片出现褐色环状枯斑，初侵染呈绿环状
PVS	汁液摩擦	千日红：接种14~25 d接种叶片出现橘红色小斑点，略微凸出的小斑点； 昆诺瓦藜：接种10 d后接种叶片出现局部黄色小斑点； 德伯尼烟：初期明脉，后期系统绿块斑花叶
PVM	汁液摩擦	千日红：接种15~25 d接种叶片沿叶脉周围出现紫红色斑点； 毛曼陀罗：接种10 d后，接种叶片出现失绿小圆斑至褐色枯斑，以后系统发病； 豇豆：在子叶上接种14~21 d接种叶片出现红色局部病斑； 德伯尼烟：接种10 d后接种叶片出现局部病斑

（续表）

病毒名称	接种方式	在特定鉴别寄主上的症状
PVA	汁液摩擦	直房丛生番茄：接种 10 d 后接种叶片出现褐色坏死斑，以后由下至上部叶片系统坏死； 枸杞：接种 10 d 后接种叶片出现不清晰局部病斑； 马铃薯 A6：接种 3~5 d 后接种叶片出现星状斑点； 香料烟：接种初期微明脉
PLRV	蚜虫	白花刺果曼陀罗：蚜虫接种后叶片明显失绿呈脉间失绿症，叶片卷曲； 洋酸浆：接种 20 d 后，植株叶片卷曲，因病毒株系不同，其植株高度有明显差别
PSTVd	汁液摩擦	鲁特格尔斯番茄：成株在接种 20 d 后，病株上部叶片变窄小而扭曲，番茄幼株接种后易矮化（27~30 ℃和强光 16 h 以上条件）； 莨菪：接种 7~15 d 后接种叶片出现褐色坏死斑点（400 lx 弱光下）

7.1.1.1 汁液摩擦接种法

（1）鉴定寄主的选择。明确马铃薯病毒病的寄主范围，在生产实践中对确定防治措施有很重要的意义。有的病毒寄主范围很窄，例如马铃薯卷叶病毒和马铃薯 S 病毒；有的病毒寄主范围很广，如马铃薯 X 病毒。应根据鉴定病毒的种类选择合适的鉴定寄主。

（2）鉴定寄主的准备。在无虫温室中培养鉴定寄主，温度最好在 15~25 ℃。系统发病的鉴定寄主一般用 3~5 片真叶的幼苗；局部发病的寄主则用充分展开的叶片。生长迅速的植物比生长缓慢的植物容易接种成功。因此温度、光照、肥料应适合于鉴定寄主生长的要求。每个病毒样品可接种 3 株，并做好标记。

（3）接种物。以表现症状的叶片作为接种材料。叶片洗净后，在已消毒研钵中研成糊状，用消毒纱布滤出汁液，再以蒸馏水或 0.01 mol/L 的磷酸缓冲液（配制方法：称 1.362 g KH_2PO_4 溶于蒸馏水中，定容至 1 000 mL，另称 1.781 g $NaH_2PO_4 \cdot 2H_2O$ 溶于蒸馏水中，定容至 1 000 mL。将 51 mL NaH_2PO_4 溶液与 49 mL KH_2PO_4 溶液混匀，pH 值为 7）稀释 10 倍作为接种物，以防过浓的汁液对鉴定寄主产生伤害。

（4）接种方法。用小型喷粉器在鉴别寄主叶片上轻轻喷洒一层金刚砂（细度 400 目），用已消毒的棉球蘸取被鉴定的马铃薯叶汁或芽汁，在鉴别寄主叶片上轻轻摩擦接种，最后用清水冲掉接种叶片上的杂物，放置于温室等待发病。

（5）培养鉴定。植株放在 15~24 ℃防虫温室中，一般 5~10 d 后可发病。接种过的植株必须定期检查，并记录症状的特征和出现日期。所谓潜育期，就是从接种到发病的时间，在鉴定中也有参考价值。

7.1.1.2 嫁接鉴定法

嫁接鉴定法通过嫁接传播病毒来进行鉴定。嫁接方法有枝条嫁接和块茎嫁接 2 种。

枝条嫁接与一般嫁接的方法相似，可把马铃薯的病枝嫁接到鉴别寄主上去。块茎嫁接是马铃薯病毒鉴定工作中常用的方法。

取病块茎和健康块茎若干，用 13.5 mm 直径的打孔器，由病块茎上打出一个不带芽眼的柱状组织；再用 13 mm 直径的打孔器由健康块茎上打出一带芽眼的柱状组织。把病块茎上打的病组织放入健康块茎的空洞中，病组织的直径稍大，以便组织之间能紧密接触，使维管束与健康块茎的维管束对齐，有利于愈合传病。嫁接好的块茎浸入熔化的（但不很热）低熔点石蜡中，以覆盖受伤的表面，防止干缩。健康块茎上取下的带芽眼的组织和打洞的病块茎也用石蜡覆盖受伤面，分别播种在花盆中，观察植株的发病情况。

7.1.1.3 蚜虫接种法

在鉴定马铃薯病毒时，常利用蚜虫进行接种。接种的方法因蚜虫传毒特性不同而异。

无毒桃蚜是最常用的传毒蚜虫。为了获得无毒桃蚜，可于早春在桃树上采集蚜虫。由于病毒很少通过卵传染，所以也可从新孵化的蚜虫中得到无毒后代。传染马铃薯病毒的蚜虫，最好在白菜上饲养，植株放在尼龙网箱内，以防蚜虫混杂。转移蚜虫时可用软毛的毛笔，将毛笔用水蘸湿，在蚜虫尾部轻轻触动，等蚜虫停止取食开始爬动时用毛笔尖转移，以防伤其口针。

（1）非持久性病毒的蚜虫接种。Y 病毒和 A 病毒属于非持久性传染的病毒。接种时，无翅桃蚜先在培养皿中饥饿 2 h，然后移到病株上饲养几分钟，等蚜虫开始取食后，立即转移到 2~3 片真叶的烟草幼苗上去，每株 5~10 头蚜虫，植株上扣一圆玻璃罩（罩的上端盖有尼龙纱），24 h 后，用杀虫剂把蚜虫杀死，置于温室中观察发病。

（2）持久性病毒的蚜虫接种。卷叶病毒属于持久性传染的病毒。无毒桃蚜先在典型卷叶植株上饲养 1 d，然后转移到 2 片真叶的酸浆幼苗上去，每株 5~10 头蚜虫。48 h 后，将蚜虫杀死，温室中观察发病情况，接种后 7~14 d，可观察到有无植株显著矮化，叶片退绿，并有卷曲的现象。

7.1.2 血清学法

血清学法具有特异性高、测定速度快、操作简便等特点，几小时甚至几分钟就可以完成，是马铃薯病毒鉴定中最常用的方法。血清学方法不适用于 PSTVd。

7.1.2.1 原理

病毒是由核酸和蛋白质组成的核蛋白（抗原，antigen）。当用抗原注射动物后，动物有机体在抗原物质（即病毒蛋白）的刺激下，在淋巴组织中的细胞产生一种免疫球蛋白（immunoglobulin，Ig），称为抗体（antibody）。抗体主要存在于血清中，故称含有抗体的血清为抗血清（antiserum）。不同的病毒刺激动物所产生的抗体均有各自的特异性。因此，根据已知的抗体与未知的抗原能否特异结合形成抗原－抗体复合物（血清反应）的情况便可判断病毒的有无。

7.1.2.2 鉴定方法

酶联免疫吸附试验法（enzyme-linked immunosorbent assay，ELISA）是把抗原与抗体的特异免疫反应和酶的高效催化作用有机结合起来的一种病毒检测技术。它通过化学方法将酶与抗体或抗原结合起来形成酶标记物，或通过免疫学方法将酶与抗酶抗体结合起来形成免疫复合物，催化无色底物水解生成可溶性的或不溶性的有色产物，试验结果可根据待检样品与阴性对照的颜色差别或用酶标仪测定反应后的底物溶液在一定波长下的吸光值（OD）作出判断。

由于病毒在植物体内的含量较低，而且很不稳定，用经典的血清学法难以直接检测植株粗汁液中的病毒。ELISA 具有灵敏度高、特异性强、安全、快速和容易观察结果等优点。近年来，此法已广泛地应用于植物病毒的检测。而双抗体夹心法（double antibody sandwich method）最常用于鉴定马铃薯的一些主要病毒，如 PVA、PVM、PVX、PVY、PVS 和 PLRV 等。

7.1.3 往返双向聚丙烯酰胺凝胶电泳法

往返双向聚丙烯酰胺凝胶电泳法主要用于鉴定马铃薯纺锤块茎类病毒（PSTVd）。

7.1.3.1 原理

电场通过垂直的凝胶时，样品成分就根据它所带的电荷、分子的大小、形状，以特定的电泳迁移率分离成区带，往返双向聚丙烯酰胺凝胶电泳的作用在于提高对 PSTVd-RNA 的鉴定效果。在第一次正向电泳后、第二次反向电泳前，预先高温处理凝胶板，促使样品中的 PSTVd-RNA 变性，即由原来的长形 PSTVd-RNA 变性为环形。PSTVd-RNA 落到最后，凝胶板中只剩有 PSTVd-RNA 区带，用银染色后，极易识别组培苗是否带毒。

7.1.3.2 仪器设备

电泳仪、离心机（3 000 r/min 以上）、冰箱、高温水浴锅、移液器（规格为 2~10 μL、10~50 μL、10~200 μL 3 种），并附有相应的吸头、研钵、小塑料盘、牙签及滤纸。

7.1.4 电镜检测法

现代电子显微镜的分辨能力可达 0.5 nm，因此利用电子显微镜观察，比生物学鉴定更直观，而且速度更快。运用电子显微镜可直接检测待检植物体内有无病毒粒子存在，并根据所观察病毒的形态等对病毒种类进行鉴定。此法是较为先进的方法，但需一定的设备和技术。

主要方法是直接将病株粗汁液或纯化的病毒悬浮液和电子密度高的负染色剂混

合,然后点在电镜铜网支持膜上观察,也可将材料制作成超薄切片,然后在1 500倍、2 000倍、3 000倍下观察,能清楚地看到细胞内的各种细胞器中有无病毒粒子存在,并可得知病毒粒子的大小、形状和结构,由于这些特征是相当稳定的,如果取材时期合适,则鉴别准确,故取材时期对病毒鉴定是很重要的。尤其对不表现可见症状的潜伏病毒来说,可行的鉴定方法仅有电镜法和血清法。

7.1.5 分子生物学法

分子生物学检测方法如双链核糖核酸分析(double strain RNA, ds RNA)、核酸杂交技术(DNA or RNA blot)和聚合酶链式反应(polymerase chain reaction, PCR)等,在灵敏度、特异性和检测速度等方面比较优秀,并可克服血清法无法对那些没有外壳蛋白的病原性核糖核酸(如类病毒)进行检测的弊端,具有独特优势。

7.1.5.1 双链核糖核酸分析

病毒粒子是由核酸和结构蛋白质亚单位构成的复合体。病毒复制时是以单链RNA(ssRNA)为模板合成双链RNA(ds RNA)的。ds RNA对RNA氧化酶具有较强的抗性,一般不易被RNA氧化酶降解。因此,一旦植物感染病毒,植物体内便有ds RNA的存在,而未受病毒侵染的植株体内没有ds RNA的同源片段。据此,待检测样品在液态氮中捣碎,再提取RNA,加入脱氧核糖核酸酶和核糖核酸酶降解DNA和ssRNA后,通过凝胶电泳分析待检样品中是否含有ds RNA便可知是否含有病毒。

7.1.5.2 核酸杂交技术

核酸杂交(nucleic acid hybridization)技术也叫核酸探针(nucleic acid probe),通过人工制备并标记的病原互补核酸链(cDNA或cRNA)与病原核酸进行杂交后的放射自显影(同位素标记探针)或酶促反应(非同位素标记探针)结果来检测病原物是否存在,其关键是核酸探针的制备和杂交。

制备病原专化的核酸探针,首先必须获得纯化的目标核酸或其片段,这可通过PCR特异扩增、克隆目标片段或直接提取病原DNA或RNA获得。然后用1~2种限制性内切酶酶解和经琼脂或聚丙烯酰胺电泳分离成DNA片段,再连接到质粒载体上,然后导入寄主细菌体内,即可获得与病原DNA片段互补的DNA。绝大多数植物病毒都是单链RNA,则需要用DNA引物或人工合成的寡聚核苷酸引物,在RNA反转录酶作用下,以病原核糖核酸为模板,先合成第一条DNA链,然后通过DNA多聚酶合成新的DNA链。在核酸合成前,核苷酸已通过放射性标记物(如 ^{32}P、^{35}S)、非放射性标记物[如地高辛(digoxigenin, Dig)]或光敏生物素(biotin)等进行了标记。

核酸杂交一般在固定相杂交膜上进行,常用的杂交膜有硝酸纤维素膜和正电荷尼龙膜。杂交方式有核酸斑点杂交(nucleic acid spot hybridization, NASH)和转移杂交(ex situ blot)。核酸斑点杂交是将病原核酸滴加到杂交膜上,在真空下干燥固定核酸,

然后用含有病原的 ^{32}P-cDNA 探针溶液浸泡杂交膜进行杂交反应，再在限定条件下冲洗未杂交的核酸，最后进行放射自显影或用化学发光法显示检测结果。根据杂交斑点的有无、深浅及大小判断核酸同源性程度。国内外很多学者开始应用核酸斑点杂交法检测 PSTVd。此法基于互补碱基的结合，因而可靠、灵敏度高。1989 年以后，^{32}P 和生物素先后被应用于 cDNA 探针的标记。但是，^{32}P 半衰期短，有放射性危害，对操作及废弃物处理要求严格，而生物素成本较高，因此，这两种方法都没有广泛普及。1992 年，何小源和周广和用光敏生物素标记了 PCR 扩增后的 PSTVd-cDNA 探针。1997 年，董江丽等用长臂光敏生物素标记 cDNA 探针，克服了之前的一些弊端，使该技术更具实用性。通过各种努力，尽管 NASH 方法有了一定的改进，但该方法仍然存在探针制备复杂、不利于推广应用等缺点。后来，吕典秋等利用地高辛标记技术制备了马铃薯纺锤块茎类病毒 cDNA 双体探针。又在此基础上成功地研制出了 PSTVd 核酸斑点杂交法检测试剂盒，为 PSTVd 检测开拓了更为简便、快捷、安全的方法。现在利用 NASH 方法检测 PSTVd 已经变得非常简便，一次可以检测大量样品，灵敏度高，操作简单，如果采用地高辛等无放射性的标记物，还能避免放射性危害，对环境友好，对操作人员亦没有危害，是日常检测 PSTVd 非常便利、有效、可靠的方法，但该方法存在制备探针比较费时费力的问题。

转移杂交也称 Southern 杂交（Southern blot）。它是先采用一种或多种限制内切酶酶解病原 DNA，并通过琼脂糖或双向聚丙烯酰胺凝胶电泳法（PAGE）电泳使酶解片段分离，然后将其在原位变性，并从凝胶中转移至杂交膜上。再用病原特异的 DNA 探针与固定膜上的 DNA 杂交，经放射自显影来确定与探针杂交的 DNA 片段的有无和位置来判断检测结果。

7.1.5.3 聚合酶链式反应（PCR）

PCR 是一种体外快速扩增特定 DNA 片段的技术。PCR 快速扩增 DNA 是在模板 DNA、引物和 4 种脱氧核糖核苷酸存在下，利用 DNA 聚合酶的酶促反应，通过 3 个温度依赖性步骤完成的反复循环，可在短时间内使目的 DNA 片段的扩增达到 1×10^6 倍。因而利用 PCR 技术，可以检测到单分子或每 10 万个细胞中仅含 1 个靶 DNA 分子的样品。

由于 PCR 扩增中以 DNA 为模板介导互补 DNA（cDNA）的合成，而多数植物病毒基因组为 RNA，它们必须在逆转录酶的作用下反转录合成 cDNA 才能进行 PCR 检测。因此，植物病毒 PCR 检测常采用逆转录 PCR（reverse transcription PCR，RT-PCR）植物病毒 PCR 检测，一般程序可分为 3 步。第一步，提取病毒 RNA，粗提液经苯酚－氯仿提取，用无水乙醇沉淀病毒 RNA，沉淀物用 70% 乙醇洗涤，真空干燥后悬浮于无 RNA 酶的无菌水中。第二步，RT-PCR 扩增，以病毒 RNA 模板，加入随机引物经逆转录酶 MMLV、AMV 反转录合成 cDNA。再以此反应液为模板进行 PCR 扩增。第三步，电泳和染色，扩增产物用聚丙烯酰胺凝胶电泳，EB 或硝酸银染色观察。

7.1.5.4 实时荧光定量 RT-PCR

实时荧光定量 RT-PCR（Reverse Transcription-Real Time Fluorescent Quantitative PCR，RT-PCR）是检测低丰度 RNA 的敏感方法，该方法是在 RT-PCR 基础上发展起来的一种灵敏度较高的核酸定量技术，自动化程度高，并具有实时性和准确性等优点。与常规 PCR 技术相比，qPCR 具有许多突出的优点，它具有良好的敏感性和特异性。在特异性方面，曾有研究对 TaqMan 探针法和常规 PCR 进行了比较，TaqMan 探针法的特异性是 96.5%，而 PCR 法的特异性是 92.9%，同时，检测外周血样品的特异性则分别是 96.7% 和 95.6%。另外，qPCR 技术还有一个重要的优点——全程闭管操作，不需要 PCR 扩增后的电泳检测及胶片观察等过程，大大降低了污染率，而且操作更加简单，克服了常规 PCR 污染率高而导致的假阳性的致命缺点。由于该技术检测灵敏度高，因此，在日常检测中可以采用测定混合样本的方法，大大提高了检测速度。

该技术已经被成功地应用于检测植物病毒，在马铃薯纺锤块茎类病毒和啤酒花矮化类病毒检测方面也已经有应用。由于 qRT-PCR 技术具有灵敏度高、特异性强、准确性好、自动化程度高等优点，非常适合现代社会劳动力缺乏，工作效率要求高的特点。该技术在荷兰农业种子和马铃薯种薯检测服务公司（Dutch General Inspection Service for Agricultural Seed and Seed Potatoes，NAK）和欧洲及地中海植物保护组织（European and Mediterranean Plant Protection Organization，EPPO）已应用于马铃薯种薯（苗）的日常检测，大大提高了工作效率，为脱毒马铃薯种薯生产提供了强大的技术保障。

7.1.5.5 第二代测序技术（深度测序技术）

由于第二代测序技术（Next Generation Sequencing，NGS）的诞生和发展，近年来国内外许多学者都开始利用 NGS 技术对病毒、类病毒进行检测。该技术不仅可以检测已知病原，还可以检测出未知病原，为病害检测技术提供了极大的技术支持。宋静静等曾利用小 RNA 深度测序技术成功鉴定了广西冬种马铃薯病毒和 PSTVd。但由于目前该方法检测成本比较高，还没有大量应用于日常检测中。但随着该技术的普及，成本的逐年降低，未来也可以应用于生产实践中。

除上述 5 种常见的病毒检测方法以外，还有基因芯片、寡核苷酸微点阵技术等，随着分子生物学以及相关技术的发展，会有越来越多灵敏度更高、特异性更强、操作更简便的方法供人们选择使用。

7.2 国内外马铃薯种薯质量检测现状

7.2.1 国外马铃薯种薯质量检测情况

国际上马铃薯生产先进的国家，如比利时、荷兰、美国、加拿大、英国等，其马铃薯种薯生产的各个环节都是在严格质量控制的保障下健康发展的，其种薯生产均是在法律规定的认证体系下进行的。其中荷兰马铃薯种薯出口量居世界首位，种薯远销80多个国家和地区，占世界种薯市场的60%。在荷兰法律的约束下，他们以世界上最严格的、科学的种薯质量监督和检测体系保障了其种薯质量始终居于世界领先水平。荷兰通过NAK种薯质量检测认证系统，执行严格的质量追踪溯源体系，每一批种薯都有一个"身份证"，能轻松查到种薯质量相关信息，保护了种薯生产企业和购买者的利益，确保了种薯的质量，维护了种薯市场的秩序。

7.2.2 我国马铃薯种薯质量检测现状

自我国开展种薯生产工作以来，种薯质量检测工作也在随之发展。2001年，农业部建立了2个专业从事马铃薯种薯质量监督检验测试的中心——哈尔滨中心和张家口中心，承担来自全国各地的种薯（苗）质量检测任务。目前，2个部级检测中心的专职检测技术人员已达到50余人。随着人们对种薯（苗）质量检测工作的认识的提高，我国各地已建成10个省级和地市级马铃薯质检机构，分布在甘肃、四川、内蒙古等省（自治区），共有检测技术人员110人；此外，还有17个具有一定检测能力的单位。中国农业科学院在山东寿光建立了蔬菜病毒检测中心。这些检测单位及检测队伍为提高我国马铃薯种薯质量检测能力和水平奠定了坚实的基础。但是，由于中国马铃薯种薯种植区域广，面积大，现有专业检测人员少，不能满足实际的工作需要。中国马铃薯种植面积约7 200万亩（2021年），种薯种植面积超过35万hm^2，按照荷兰NAK质检人员配备比例，中国需要质检人员2 075人，而目前中国从事马铃薯质检的人员仅为110人左右，主要集中在2个部级质检中心、各省份的科研及农技部门，并且他们多数还肩负科研、技术推广、人才培养等其他工作，因此，我国在马铃薯种薯质检队伍能力建设方面与马铃薯种薯质量控制较好的国家尚有较大的差距。

此外，种薯质量的保证不仅需要相关的专业技术人员、科学的检测技术体系和种薯（苗）生产单位对质检工作的重视，有力的监督管理也必不可少。现阶段中国马铃薯种薯质量控制体系依然不够健全，市场上对马铃薯种薯质量监管不足导致种薯市场混乱，种薯质量不过关，以次充好，甚至以商品薯作为种薯销售的情况也偶尔存在，合格种薯种植率低。目前，国内一些规模较大、运行比较规范的种薯企业已经开始重视种薯全程质量检测工作，呼吁推动种薯质量认证工作的实施，并签署了倡议书。种薯是马铃薯产业链的源头，种薯质量直接影响马铃薯产业的健康发展。只有切实提高马铃薯种薯质量，才能保障中国马铃薯产业健康、良性、有序发展。

▶ **思考与练习** ◀

1. 用于生产脱毒种薯的试管苗已经经过了脱毒处理,为什么还必须要进行质量检测?
2. 马铃薯病毒、类病毒常用的检测方法有哪些?各有哪些优缺点?
3. 我国马铃薯种薯质量控制还存在哪些问题?

8 马铃薯试管微型薯生产

8.1 马铃薯试管微型薯概述

8.1.1 马铃薯试管薯的概念

马铃薯试管薯（microtuber），也称为试管块茎、试管微型薯等，是在组织培养条件下，通过控制培养基成分和培养条件，诱导腋芽顶端膨大形成的块茎。自1982年成功诱导以来，试管薯的生长发育机理和应用前景，引起了科学界的极大兴趣和关注，相关的基础和应用领域的研究取得了很大进展。研究表明，试管薯在形态组织结构、生长发育的生理生化过程、遗传稳定性等方面均与常规块茎相同，从而为其应用提供了最基本的前提。近年来的进一步研究证明，试管薯在温室和田间条件下均能正常生长发育。因此，科学界预测，马铃薯生产技术将会由于试管块茎的应用而产生一场彻底变革。一些发达国家如日本、澳大利亚、荷兰、英国、韩国等均将试管块茎的研究和开发利用作为其农业发展的重大高新技术，以期取代常规种薯而直接用于生产。由此可见，试管薯生产和应用技术的进一步突破，预示着马铃薯生产技术的重大革新和以生物技术为依托的种薯产业的形成。为此，国内外展开了大量研究。

8.1.2 试管薯的优越性

试管薯作为种薯生产的高效技术有许多优点。其一，试管薯生产完全在实验室进行，因此可以避免田间种薯生产中病原菌的再侵染问题，以其作为种薯，可从根本上解决种薯退化问题。其二，试管薯生产不受季节限制，小面积的实验室即可提供较大面积的种薯，节约日益宝贵的耕地。其三，试管薯体积小，储存和运输成本低。

如果生产试管薯的条件完备，一年四季都能进行。不过在二季作地区，夏季高温高湿时期温室或网室里的温度基本高于30 ℃，此时移栽或扦插试管苗都是不合适的。可以将试管苗的培养转入生产微型薯，即在室内利用试管苗进行短光照暗培养处理，调整完培养基就可以对试管薯进行诱导。虽然试管薯非常小，但是能代替试管苗栽培，另外生产出的试管薯是和试管苗质量相当的无病毒薯块。这样在二季作地区就能将试管苗培养和试管薯生产结合在一起，轮流进行。一整年连续地生产试管薯、试管苗，十分有助于加速无毒种薯的生产。

8.1.3 马铃薯试管薯生产技术研究进展

自1982年以来，探索大规模生产试管薯技术的研究在世界各国有关实验室一直在进行，并取得了许多进展。试管薯在不同程度上已应用于种薯生产。Akita等（1994）在一个8 000 mL的发酵罐内生产试管薯，先在试管中培养母苗，然后直接整株转入发酵罐在繁殖培养基中培养4周，再替换成试管薯诱导培养基，诱导阶段先进行2周17 ℃的低温培养，诱导试管薯形态建成，然后将温度提高到25 ℃再培养4周，结果发酵罐液体表面形成了大量的试管薯。Jiménez等（1999）模仿植物细胞培养的方式，设计了一个体积4 000 mL的流动培养装置，在试管薯诱导培养期间通过不断更换培养基和进行气体交换，显著提高了试管薯的单薯重，平均单薯重达到1.3 g。上述培养体系虽然均获得了较好的结果，但均需要特殊设备和严格的控制体系，因而生产成本高，短时间内难以用于种薯生产。

此外，马铃薯试管薯与其他基因工程研究中使用的外植体（如叶片和茎段）相比，具有更高的再生频率，是良好的基因转移接受体材料；马铃薯试管薯作为种质资源交流和保存的材料也非常便捷。

8.2 马铃薯试管微型薯生产

8.2.1 马铃薯试管薯生产概况

因为试管薯可以在实验室进行周年化生产，不受季节影响，也不占用耕地，因此，直接利用试管薯作为种薯与通过脱毒种薯的逐代繁殖相比更为方便。因此，马铃薯试管薯直接用作种薯一直是世界马铃薯产业所追求的目标。

20世纪80年代以来，对于试管薯形成的诱导条件已进行了大量研究，短日照和较高的蔗糖浓度是通常采用的促进试管块茎形成的技术措施，但不同基因型对诱导条件的反应差异很大，影响了试管薯的商业化生产。试管薯的形成是一个复杂的发育调控过程，与植株的生长发育状态、特殊物质的代谢等都有关系，但上述情况均受到块茎形成相关基因的表达的影响。这类基因的一个显著的共同点是其表达受块茎形成诱导因素的调控。如 patatin 基因，在生理生化的途径上是具有块茎诱导功能的茉莉酸类物质生物合成所必需的酶，同时其表达又与块茎形成在时空上同步，且能由蔗糖和光照诱导表达。在适宜的诱导条件下，patatin 基因的表达、茉莉酸的生物合成、内源 GA_3/ABA 的平衡状态与块茎的高诱导率紧密相关。这说明，根据品种的特异性，通过研究适宜的诱导条件，可以使块茎形成的各影响因素处于较好的协调状态，从而解决马铃薯试管块茎批量生产的问题。

多年来，很多马铃薯种薯生产企业和科研院所的科研人员都在努力提高试管薯的结薯率和试管薯的体积，目前，试管薯直径通常为 2~10 mm，重量为 10~200 mg。好一些的可达到单株结薯 4 个左右，单薯重 300 mg 左右。这样大小的试管薯直接用于生产时对土壤条件和栽培管理要求极为严格，需要精心栽培，限制了它的直接应用。但作为种质资源保存和交流非常方便。

试管薯的生产方法有很多，但总体工作环节相似，只是在培养基的配方、培养环境以及培养容器等方面有些差异。生产者可根据具体的试验条件选择合适的方法。研究表明，健壮的试管苗是试管薯高产的前提，蔗糖浓度与马铃薯试管苗长势及试管薯均粒重之间呈显著正相关。若要生产健壮的试管苗和较大的试管薯，可以通过提高蔗糖浓度来实现，较适合的蔗糖浓度为 5%~6%。试管苗长势与试管薯均粒重呈显著或极显著正相关，在试管苗时期积累较多的干物质，能够为生产试管薯打下良好的物质基础，培育健壮试管苗是生产较大试管薯的基础条件。

因此，对于马铃薯试管薯生产者来说，培育健壮的试管苗尤为重要，因为健壮的试管苗是生产优质试管薯的物质基础，弱小的试管苗生产的试管薯也比较小，栽培管理尤为困难，难以满足生产的需要，且播种后保苗率低，长势较差，会直接影响种薯的产量和品质。

8.2.2 马铃薯试管薯生产方法

8.2.2.1 生产试管薯的必要条件

（1）黑暗培养室。试管薯的生产需要经过暗培养阶段，因此需要合适的暗培养室。培养室的大小可以依据试管薯的生产计划来确定。同时，暗培养室要装有适宜的配套设施。例如，20 m^3 的黑暗培养室里应有换气扇、空调、培养瓶摆放架，房顶要有照明用日光灯、消毒杀菌用紫外灯以及检查时要用到的绿色安全灯等设施。

（2）低温贮藏室。可根据试管薯的数量在贮藏窖里选一定面积的小窖来贮藏试管薯。将贮藏架放于窖内，用塑料保鲜盒存放试管薯，为了方便取用试管薯，每个保鲜盒、试管架都应分别编号，注明品种名称、贮藏时间及生产批次等信息。

8.2.2.2 试管薯生产的主要技术要点

（1）母株培养。为了诱导结薯时方便更换培养基，一般采用液体培养基培养，常用的培养基是 MS 液体 +0.5% 的活性炭。具体操作如下。

①装瓶。分别在干净的三角瓶（或小型果酱瓶、专用组培瓶等）里放入配好的培养基，每瓶放入 6~8 mL 液体培养基，然后用封口膜进行封口，并放到灭菌室灭菌。

②高压灭菌。在高压蒸汽灭菌锅里放入三角瓶，在 120~124 ℃温度下灭菌 20 min，

待高压锅压力归零后，取出三角瓶，冷却备用。

③剪切试管苗。将试管苗的基部、顶芽（打破顶端优势）在无菌环境中（超净工作台）剪掉，剪成有4~6个节或叶片的茎段，接入灭菌培养瓶中，每瓶接种5~6个茎段，仍用封口膜封口。可以将剪掉的顶芽接入另一三角瓶中进行培养，每瓶放5~6个顶芽，这对瓶内苗的同步生长有利，然后将苗瓶拿到组培室培养。由于采用浅层液体静止培养，接种时要细心接放试管苗茎段，为防止培养液浸没茎段而使其窒息死亡，要小心操作，动作轻缓，避免大幅度动作，培养期间也要注意不要大幅度挪动瓶苗。

④苗瓶管理。放苗瓶的组培室要求湿度75%~80%，日温22~25 ℃，夜温15~19 ℃，每天光照不少于16 h，光照强度为2 000~3 000 lx。一旦发现有瓶苗被污染，应马上移出培养室，灭菌后方能打开清洗。25~30 d后每个茎段的叶腋处长出的小苗有4~6片叶时，就会成为一株茎秆壮实、根部发达、叶色鲜艳的壮苗，我们称其为母株，此时便可以进入下一个阶段——诱导试管薯。

（2）试管薯诱导。当壮苗将要长到培养瓶口时，更换诱导试管薯的培养基。

诱导试管薯的培养基：MS+6-BA 5 mg/L+CCC 500 mg/L+蔗糖8%，pH值为5.8。培养基中可加入0.1%~0.2%的活性炭，以吸附培养过程中产生的有害物质。置于光照条件下培养3~4 d后，转入暗培养，也可直接进行暗培养，适宜温度（18±1）℃条件下，6~8周后收获试管薯。

为避免受到污染，暗培养过程中更换培养基必须在无菌室（超净工作台）进行，首先倒掉培养瓶中原培养基，再将诱导培养基倒进培养瓶。封口后放入暗培养室中培养。保证暗培养室的温度在18~20 ℃，通常培养5 d就会出现试管薯。将4~5个茎段放在250 mL的三角瓶里，每瓶可生产30~60个微型薯。微型薯由腋芽形成，结薯的数量、薯块的大小、苗的健壮程度与品种相关。通常微型薯的直径为5~6 mm，大者7~8 mm，小者3 mm；每个小块茎重60~90 mg，小者40~50 mg。早熟品种的微型薯休眠时间比大田生产的块茎长30~45 d。据国际马铃薯中心报道，将收获的微型薯贮存在4 ℃环境中，全黑暗培养的薯块的平均自然休眠期约为210 d，而经8 h光照处理的微型薯的平均自然休眠期是60 d，不同品种差异很大。

（3）微型薯收获。在收获试管薯时应该用自来水冲洗3~5次，直到将黏在试管薯上的培养基完全冲洗干净为止。将洗净的试管薯置于散射光条件下，干燥后再贮藏。在操作时要轻拿轻放，以防止撞伤薯皮。由于试管薯的诱导培养基含很多糖，试管薯收获之后脱离了无菌环境，细菌、真菌很容易侵染，而洗净黏在试管薯上的培养基，可以减少感染，防止试管薯发生烂薯现象。

（4）微型薯贮藏。将干燥过的试管薯放入保鲜盒中，将保鲜盒编号，注明品种、大小（如果进行了分级）、收获日期等信息，然后放到贮藏窖里面的贮藏架上，3~4 ℃贮藏。如果生产的试管薯量不多，也可以保存在4 ℃冷藏室内贮藏。

马铃薯试管薯生产方法各单位不尽相同，也可参考一些标准，例如辽宁省地方标准 DB21/T 2675—2016《马铃薯试管薯生产技术规程》等。

为了提高试管薯的体积、重量和单株产量，还可以在试管薯的培养容器、培养基、培养条件等方面进一步开展研究，切实提高试管薯的单株产量和单粒重，提高工厂化生产的便利性，降低生产成本，促进马铃薯试管薯的推广应用。

▶ 思考与练习 ◀

1. 什么是试管薯？请简述马铃薯试管薯的用途。
2. 请简述马铃薯试管薯的生产流程及注意事项。

9　组织培养设备、成本及开放式组培技术展望

前文我们已经了解了马铃薯组织培养的原理与技术、试管苗生产、脱毒种薯生产等具体过程和详细的方法。这些原理与方法是传统的组织培养方法，要求严格的无菌环境，对设备、技术人员操作水平及环境要求都很严格，导致成本较高，不利于生产应用与推广。为了降低组培生产成本、简化生产环节，科研人员一直都在努力探索，试图寻求更简便、成本更低的技术流程，从而降低试管苗生产的门槛和生产成本。随着研究的不断深入，"开放式组织培养"模式被提出。"开放式组织培养"是指在使用抑菌剂的情况下，使植物组织培养脱离严格无菌的操作环境，操作过程中不使用高温高压灭菌锅和超净工作台，利用塑料杯代替组培瓶，在自然、开放、有菌的环境中进行植物的组织培养。与传统组织培养技术相比，开放式组织培养对场地、设备、能源等的要求显著降低，可以很大程度上减少为营造无菌环境所花费的成本，这对于种苗大规模工厂化生产意义重大。目前，科研人员已在多种果树、花卉、药用植物上开展开放式组织培养技术的研究，并已取得了一些成果，并在杉木（*Cunninghamia lanceolata*）、相思（*Acacia*）、甘蔗（*Saccharum officinarum*）、马铃薯（*Solanum tuberosum*）等多种植物组织培养中被广泛应用。

开放式组织培养通过在培养基中添加抑菌剂来代替高温高压灭菌，能够减少培养基中营养成分的损失，降低操作要求，简化组织培养条件。目前，开放式组织培养主要通过抑菌剂的选择和培养容器的优化来实现低成本高效率的组织培养。

9.1　抑菌剂

植物开放式组织培养是在使用抑菌剂的条件下才能使整个生产过程脱离严格无菌的操作环境，因此对于抑菌剂的探索一直是科研人员的研究重点。目前，研究工作主要集中在抑菌剂种类的选择和使用浓度的确定上。

9.1.1 抑菌剂的类型

目前，用于开放式组织培养的抑菌剂主要包括化学农药、抗生素、消毒剂、食品添加剂以及植物源抑菌剂等几大类。

9.1.1.1 化学农药

在农业生产中，化学农药以其见效快、防治谱广、性质稳定、价格低廉等优点得到广泛应用。因此，在植物开放式组培上，化学农药也作为一类抑菌剂得到了广泛试验。张艳（2011）在对杉木开放式组培抑菌剂的筛选中发现，62.5 mg/L 80% 代森锰锌 + 62.5 mg/L 菌杀保果 +0.5% 次氯酸钠这一混合抑菌剂的抑菌效果最好，既能防止污染又能保证苗木的生长。孙占育等（2013）通过 9 种抑菌剂不同浓度抑菌效果的比较研究，筛选出最适合长柄扁桃的开放式组培抑菌剂组合为：75% 代森锰锌 20 mg/L+50% 多菌灵。康俊（2016）同样是在马铃薯的开放式组培筛选中，发现培养基添加 0.10 g/L 多锰锌（多菌灵含量 16%，代森锰锌含量 34%）抑菌效果好，组培苗生长状况最佳。随后，研究人员在相思的开放式组培中发现百菌清、多菌灵对于培养基及外植体的抑菌效果明显。在山丹丹及铁皮石斛的开放式组培研究中则发现代森锰锌的抑菌效果明显。综上可知，目前用于植物开放式组培上的主要化学农药类抑菌剂有代森锰锌、多菌灵、菌杀保果、百菌清等，同时多种化学农药搭配使用效果更优。

9.1.1.2 抗生素

抗生素是某些微生物的代谢产物或合成的类似物，在体外能抑制微生物的生长和存活，而不会对宿主产生较严重的毒副作用，针对植物有专门的农用抗生素。在开放式组培研究上，比较有效的抗生素有农用链霉素、头孢霉素等。刘丽丽（2013）在对东北红豆杉进行开放式组培时发现，在培养基中加入 0.4 g/L 的农用链霉素，能有效抑菌，并成功构建了红豆杉的开放式组培繁殖体系。王晓煌等（2015）在烟草开放式组培培养基中分别加入不同浓度的卡那霉素、头孢霉素、多菌灵和次氯酸钠 4 种抑菌剂，研究发现添加 50 mg/L 头孢霉素为抑制细菌的最佳浓度。张志勇等（2018）在铁皮石斛的开放式组培研究中发现，0.3 g/L 的代森锰锌 +1.5 g/L 链霉素复配能有效抑菌。

9.1.1.3 消毒剂

在植物组培中，消毒剂起初主要应用于组培室、器具等的消毒上，低毒高效的消毒剂在日常生活中多作为表面消毒剂使用，在开放式组织培养中也有所应用。在开放式组培上，使用得最为广泛的是次氯酸钠，已经在杉木、香蕉、烟草、甘蔗、贺州荸荠、薯类、山丹丹、杂交构树、铁皮石斛以及切花菊上得到了应用。次氯酸钠的消毒抑菌原理主要是其氧化作用与氯化作用能够使病毒体内的酶、核酸、蛋白等物质失活，从而达到杀死病原体的目的。次氯酸钠的氯原子能够与细胞膜蛋白质结合，形成氮氯化合物干扰细胞正常代谢，氯离子能改变细胞渗透压，起到抑菌作用。除此之外，二氯异氰尿酸钠（SDIC）在马铃薯开放式组培上效果显著，高锰酸钠、强氯精、84 消毒液以及新洁尔灭等消毒剂也被用在植物开放式组培的器皿消毒上。

9.1.1.4　食品防腐剂

食品防腐剂在低浓度下就能够抑制菌类生长，且使用方便，价格适中，因此被广泛应用在食品保鲜上。研究人员分别将食品防腐剂应用于水生鸢尾及观赏兰花的常规组培中，发现食品防腐剂能起到很好的防菌、抑菌作用。因此，研究人员也在开放式组培中尝试使用食品防腐剂，并取得了一定的效果。2010 年，有研究人员在红豆杉开放式组织培养中使用了山梨酸钾，并确定山梨酸钾可以作为红豆杉开放式组织培养的前期抑菌剂。也有研究人员就 4 种食品防腐剂对铁皮石斛开放式组织培养中的抑菌效果进行了试验，结果表明尼泊金复合酯和肉桂酸钾具有较好的抑菌效果。当然部分食品防腐剂与其他类型抑菌剂复配使用，也能达到较好的抑菌效果。

9.1.1.5　植物源抑菌剂

植物源抑菌剂主要活性成分来源于植物，能与培养物形成较好的亲和关系，渗透到植物内部，有效杀死植物内生菌，且使用相对安全，菌类不易产生抗药性，因此得到研究人员的重视，重点开展了相关研究工作。崔刚（2005）就依照中医理论，从植物中提取抗菌物质，自制抑生素，并将其应用在葡萄、苹果、红栌、香槐花等多种草本、木本及种子的开放式组培上，取得了良好效果。赵青华等（2009）在魔芋开放式组织培养中使用了由天然产物提取物、微生物发酵液和化学成分复配的抑菌剂 H198，抑菌效果明显。也有研究人员在甘蔗的开放式组培上用到了复合型的抑菌剂"黔兴 1 号"，主要成分为多菌灵和植物源抑菌剂（烟碱、蒜泥汁液等），能有效控制培养基的污染。王赵玉等（2012）以白菜种子为试验材料，研究发现生物农药大蒜素作为开放式组培抑菌剂的最佳使用浓度范围为 0.10~0.17 g/mL。刘福平等（2016）以自行研制的抗菌剂成功开展蝴蝶兰原球茎分化成苗开放式组培试验，其抑菌剂的主要成分为乙蒜素和苦参碱。

总体看来，目前植物开放式组织培养中所使用的抑菌剂主要为以上 5 种类型，当然，在不同植物的应用上抑菌剂的使用浓度各不相同，如要大规模使用还需要更多的试验和数据进行支撑。就目前的研究现状来看，针对不同植物的特点，也可以考虑将不同类型的抑菌剂复配使用，这样抑菌效果更佳，同时菌类也不易产生抗药性。

9.1.2　抑菌剂对组培苗的生长影响程度

在植物开放式组织培养中，仅就目前的实验数据和科学论证而言，培养基加入抑菌剂对植株生长是否具有抑制作用还没有统一定论。扁红英等（2022）以传统组培技术培养的白刺（*Nitraria tangutorum*）苗为对照，采用开放式组培的方法，将不同浓度的抑菌剂次氯酸钠加入到白刺培养基中，根据其生理特性，评价抑菌剂次氯酸钠对白刺组培苗的影响，该研究结果表明，随着次氯酸钠浓度的增加对白刺培养基的抑菌效果逐渐增强，次氯酸钠浓度为 15~20 mg/L 时促进白刺组培苗的生长，但当次氯酸钠浓度达到 50 mg/L 时对白刺组培苗的根数、根长产生抑制作用。

李晓燕（2007）对供试 5 大类共 39 种抑菌剂进行了体外抑菌试验，并探索了抑菌剂对组培苗生长发育及生根的影响和抑菌剂在组培污染防治中的初步应用。抑菌试验中发现，化学农药菌杀保果、苦参、农用抗生素消菌剑魔、医用抗生素硫酸庆大霉素以及 1229 消毒剂均具有广谱的抑菌性，对革兰氏阴性菌及革兰氏阳性菌、青霉菌和曲霉菌均有强烈的抑制作用。此外，化学农药菌杀保果对霉菌的抑制效果十分显著，既能抑制孢子萌发，又可以抑制菌丝体的生长。菌杀保果、1229 消毒剂和硫酸庆大霉素抑菌有效浓度低，MS 母液和高温高压灭菌处理均对其抑菌作用不产生影响。但三种抑菌剂对供试植物材料均表现出一定的毒性，浓度越高，对组培苗的伤害越大。菌杀保果浓度高时抑制组培苗的生长发育，浓度低时则表现出一定的促进作用；硫酸庆大霉素注射液、1229 消毒剂对组培苗根的发生和新芽的形成都有明显的抑制作用。植物生长延缓剂甲哌鎓（俗称缩节胺）有较强的抑菌能力，且对抑菌剂的抑菌效果有明显的增效作用，甲哌鎓能有效延缓植物根的发生，浓度为 10 mg/L 时对马铃薯的生长发育有显著的促进作用，对节间长度影响差异不显著。

综上，抑菌剂虽然可以在一定程度上抑制杂菌的产生，但这些抑菌剂多数都会对组培苗产生一定的抑制作用，一般表现为浓度越高，毒性越大。筛选抑菌效果好，对组培苗无毒副作用或者毒副作用较小的抑菌剂依然是需要进一步研究的方向。

9.2 培养容器

传统植物组织培养所用的培养容器多数为耐高温、高压处理的玻璃瓶或特殊材质的培养瓶，"耐高温、耐高压"这一要求在很大程度上限制了培养容器的选择，而开放式组织培养脱离了严格无菌的操作环境，培养基不再需要进行高温高压处理，因此可以选用一些透光率更好、价格更低廉的培养容器，扩大了容器的选择面。崔刚（2005）在进行开放式组培研究时将一次性塑料杯作为培养容器，用 PE 保鲜膜进行封口，其透光率和透气率较好，因此培养效果显著优于传统容器。随后，在百合的开放式组织培养研究中使用塑料杯（高锰酸钾消毒）+ 组培塑料封口膜（高温灭菌）组合的培养基，污染率显著降低。之后在东北红豆杉、马铃薯等植物的开放式组培中也用一次性塑料杯取代了传统组培瓶。但是，赵青华等（2011）在魔芋的开放式组培中试用了多种容器，认为塑料容器容易泼洒，不宜反复使用，对比发现传统容器虽然购入成本较高，但是能够重复使用，是开放式组培的最佳选择。

9.3 器具灭菌

在传统植物组织培养中，接种所用的器具，包括剪刀、解剖刀、镊子等基本采用高温高压或者灼烧的方式来进行灭菌，而在开放式组培中不再使用高温高压灭菌锅，因此器具的灭菌流程也发生了变化，崔刚（2005）研究发现在开放组培中接种器具可以先用75%酒精擦洗后，置于20%的抑菌剂溶液中浸泡1 h，接种过程始终浸泡在抑菌剂中，可有效防止污染。解辉等（2011）在建立香蕉开放式组培体系时发现将接种器具浸泡于0.8%次氯酸钠溶液10 min，接种过程始终浸泡在次氯酸钠溶液中，此方法与传统酒精灼烧的污染率无异。在马铃薯的开放式组培中，接种器具直接浸泡于75%酒精溶液中，接种过程中不用灼烧消毒，也能有效防止污染。

李婷婷等（2022）的试验结果表明益培隆浓度为0.8 mL/L时马铃薯脱毒苗无污染且植株生长指标较好，提出马铃薯开放式组织培养培养基配方"MS+10 g/L 蔗糖 +6 g/L 琼脂 +0.8 mL/L 益培隆"效果较好，可以在生产中使用。

9.4 组培苗的成本核算

在植物组培苗工厂化生产过程中，其生产成本也是生产者非常关注的问题。相较于传统的组织培养，开放式组培脱离了严格无菌的操作环境，同时简化了组培操作流程，因此在一定程度上降低了组培的成本。崔刚（2005）以苹果砧木罗六为例进行了初步统计，开放组培与传统组培相比能够节省成本60%左右。张艳（2011）也通过成本核算，得出杉木开放式组培苗相较于传统组培苗而言，每株成本下降了约30%。随后在东北红豆杉、马铃薯的开放式组培的成本核算上，也显示开放式组培育苗成本显著低于传统组织培养。

为进一步降低植物组织培养成本，人们又开展了很多试验。研究表明，利用自来水与蒸馏水所配制出来的培养基上的植物生长情况数据相近，发育正常，用雨水所制作出的培养基较自来水以及蒸馏水更有利于植株发展，用雨水所制作的培养基马铃薯根多而长、植株深绿、发育优良，更有利于移栽（有些工业地区的雨水呈酸性，因此，这些地区的雨水会对植物的生长产生不利影响，不能用来配制培养基）。除了选取材料以控制植物组织培养成本之外，培养容器的选择也是减少成本的又一重要方式。王凯（2017）分别以罐头瓶、简易塑料瓶、传统三角瓶等材料进行试验，研究发现使用冰盒及塑料盒对樱桃和苹果进行瓶外生根试验时，同使用三角瓶时相比，作物发育情况基本相同且生长状态更为良好（但是塑料盒容积较大时，植株褐化严重、少数愈伤组织变褐，导致植株被污染或坏死）。此外，虽然一次性塑料杯在实验室同罐头瓶、简易塑料瓶等材料的试验结果相同,但使用及密封过于烦琐,因而不适用于在组织培养中应用。另有研究发现,含糖浓度以及有机物较低的生长环境不适宜菌类的生长,所以为营造无菌环境、减少研究成本,需要对植物种类所需糖浓度和有机物用量进行研究,选取最合适的环境进行培养。袁丽娜(2011)研究发现,卡拉胶比琼脂粉更能促进东北红豆杉愈伤组织的增加。此外,研究发现,半固态的培养基更有利于东北红豆杉的细胞增重。现阶段植物无糖培养逐渐成为植物组织培养的焦点,出现简化组织培养、降低污染的全新方向。无糖组织培养技术克服了常规组织培养过程中普遍存在的培养容器中气体环境差、易污染等问题,利用工程技术手段调控组培微环境的 CO_2 浓度、光照、湿度等因子,提高组培苗质量。

9.5 植物开放式组织培养技术展望

植物开放式组织培养技术使传统的组织培养脱离了严格无菌的操作环境,降低了组培对于设备和环境的要求,简化了操作流程,在很大程度上降低了育苗的成本,因此,此项技术具有重要的现实意义,也必定成为未来组培发展的新方向。目前,植物开放式组织培养还处于研究初期,开放式组培的关键技术是要控制污染,想要成功构建各类植物开放式组织培养技术体系,抑菌剂仍然是研究的重点。虽然目前常用的抑菌剂已在部分植物的开放式组织培养中得到了应用,但是仍然存在很多弊端,比如,不同植物种类适用的抑菌剂种类与浓度不同,抑菌剂浓度过高可能影响植株的正常生长,浓度过低则达不到消毒效果等。寻求一种高效、安全、低价的抑菌方案一直是科研人员努力的方向,引入新的抑菌材料或者将多种抑菌剂复配使用,仍然是一个重要的研究趋势。相信随着科研理论和技术水平的不断完善,植物开放式组织培养技术将有更加广阔的前景,将来可能在种苗生产上得到更好的应用和推广。

> ▶ 思考与练习 ◀
>
> 1. 开放式组织培养与传统的组织培养有何异同?其优点是什么?
> 2. 开放式组织培养目前还存在哪些问题?请查阅资料并结合自己的思考给出意见和建议。

10 马铃薯种质资源

10.1 种质资源的概念及其重要性

种质资源又称遗传资源，习惯上也叫品种资源。它包括栽培、野生及人工创造的粮食作物、经济作物、园艺作物的品种或品系。现在把凡能用于作物育种的生物体都归入种质资源的范畴，包括地方品种、改良品种、新选育的品种、引进品种、突变体、野生种、近缘植物、人工创造的各种生物类型、无性繁殖器官、单个细胞、单个染色体和单个基因等。为了更好地保存和利用自然界生物的多样性，丰富和充实育种工作和生物学研究的物质基础，种质资源工作的首要环节和迫切任务是广泛收集种质资源并很好地保存。实现新的育种目标必须有更丰富的种质资源。作物育种目标是随着农业生产的不断发展和人民生活水平的不断提高而不断改变的。社会的进步对良种提出了越来越高的要求，要完成这些日新月异的育种任务，使育种工作有所突破，迫切需要更多、更优异的种质资源。为满足人类需求，必须不断地发展新作物。发展新作物是满足人口增长和生产发展需要的重要途径。地球上有记载的植物约有20万种，其中陆生植物约8万种，然而只有150余种被用以大面积栽培。而世界上人类粮食的90%只来源于约20种作物，其中75%由小麦、水稻、玉米、马铃薯、大麦、甘薯和木薯7种作物提供。迄今为止，人类利用的植物资源仍很少。发掘植物资源、发展新作物的潜力还很大。据估计，如能充分利用所有的植物资源，地球可养活500亿人。很多宝贵种质资源大量流失，亟待发掘保护。种质资源的流失（又称遗传流失）（genetic erosion）是必然的。自地球上出现生命至今，有90%以上的物种已不复存在。这主要是物竞天择和生态环境改变所造成的。人类活动加快了种质资源的流失，许多种质迅速消失，大量的生物物种濒临灭绝。20世纪30年代瓦维洛夫等在地中海、东亚和中亚地区采集小麦等作物的地方品种时发现，希腊95%的土生小麦，早在40年前就已绝迹。我国的一年生野生大麦、野生水稻、野生油菜也难得一见。这些种质资源一旦从地球上消灭，就难以用任何现代技术重新创造出来。因此必须采取紧急有效的措施，来发掘、收集和保存现有的种质资源。

  有效开展种质资源的收集和保存工作可以避免遗传多样性的减少，克服遗传脆弱性。遗传多样性的大幅度减少必然增加遗传脆弱性并最终导致病虫害严重发生而危及国计民生，如美国南方连绵几个州的玉米种植带，由于大面积扩种雄性不育 T 型细胞质的玉米杂交种，1970—1971 年受到有专化性的玉米小斑病菌 T 小种的侵袭，致使当年全美玉米总产量损失 15%。而克服品种遗传脆弱性的关键是在作物育种过程中利用更多的种质资源，拓宽新品种的遗传基础。随着少数优良品种的大面积推广，许多具有独特抗逆性和其他特点的地方农家品种逐渐被淘汰，从而导致不少改良品种的遗传基础单一化。如近 40 年来，水稻、小麦品种多为半矮秆品种所代替，这些半矮秆品种的"矮源"，都集中于少数几个种质，用它们作为亲本培育出的一系列品种，不但在许多农艺性状上大同小异，而且在遗传组成上也是相近的。大豆、玉米、油菜和大麦等主要作物的种质资源单一化程度较明显。种质资源单一化所带来的品种遗传基础狭窄、遗传脆弱性大是不容忽视的现实问题，必须也只能通过拓宽育成品种的遗传基础来化解。

10.2　马铃薯种质资源概况

  马铃薯种质资源以丰富、多样著称。为了保存其生物多样性，全世界的许多国家和国际组织与机构在收集、保存马铃薯种质资源方面做了大量工作。主要的马铃薯种质资源收集和保存机构有国际马铃薯中心（International Potato Center, CIP）、荷兰遗传资源中心（The Centre for Genetic Resources, the Netherlands, CGN）、英国马铃薯种质资源库（Commonwealth Potato Collection, CPC）、德国马铃薯种质资源库（The IPK Potato Collections at Gross Luesewitz, GLKS）、俄罗斯瓦维洛夫植物栽培科学研究所（The Vavilov Institute of Plant Industry, VIR）、美国马铃薯基因库（National Research Support Project-6, NRSP-6）。此外，世界上其他国家，如秘鲁、玻利维亚、阿根廷、智利和哥伦比亚等国都建立有马铃薯种质资源库。美国的马铃薯种质资源保存中心每年也在组织不同专业的专家到南美地区进行马铃薯种质资源的收集、登记和保存工作，并对保存的资源进行电脑登记，形成资源目录。我国马铃薯种质资源规范的收集、整理工作始于 20 世纪 50 年代。至今我国开展了 3 次大规模的种质资源普查工作，使许多优良基因型品种得以保存。但是在保存过程中，由于环境条件及基础设施的限制，一些资源难以得到妥善保存而丢失。因此，近些年，国家将马铃薯种质资源研究作为重点攻关项目，在黑龙江省农业科学院马铃薯研究所主持下，开展了马铃薯种质资源的收集、整理、鉴定、保存与利用等研究。编写出版《全国马铃薯品种资源编目》，实现了马铃薯种质资源的妥善保存，并通过鉴定获得了不少优异的种质资源，供育种单位研究和创新利用。从此，马铃薯种质资源研究工作走上了系统化、正规化的轨道。总体来说，各个地区对马铃薯种质资源的保存均取得一定的成效，为马铃薯种质资源利用提供了基本保障。

10.3 种质资源保存概述

种质资源保存，是利用天然或人工创造的适宜环境保存种质资源，使个体中含有的遗传物质保持其遗传完整性，有高的活力，能通过繁殖将其遗传特性传递下去，要保存足够的群体，减少繁殖过程中的遗传漂变，使繁殖前后保持最大的遗传相似性，在贮藏过程中，要求表现最低程度的遗传变异。

种质资源保存大致分为原地保存和异地保存 2 种方式。原地保存是指在自然生态环境下就地保存，自我繁殖种质资源。野生种一般通过这种方式保存，它可保存稀有濒危的生物资源，并保护了不同类型的生态系统。这种保存方式主要通过建立自然保护区和天然公园来实现。世界上第一个自然保护区是 1872 年美国建立的黄石公园。近些年来各国相继建立了自然保护区，这是维系野生植物种质资源的第一哨卡。异地保存是将种子、植物体保存于该植物原产地以外的地方，主要形式有植物园、种质圃、种子库、组织培养物的试管保存（以下简称离体保存）等。在传统上，种质是以种子的形式保存的。这是因为种子所占空间小，并能保存很多年，而且种子容易干燥和包装，便于运到引种中心和基因库。但是，在储藏过程中随着时间的延长，种子生活力会逐渐下降，并常受到病虫害的侵袭；加之种子是一个杂合体，在繁殖中会因性状分离而导致遗传的不稳定。此外，许多营养繁殖的作物（如甘薯、马铃薯等）以及含水量高的种子（如洋葱、芹菜和结球甘蓝等作物）也不适宜用种子的形式保存种质。因为这些作物的种子在种植后会产生性状分离，也难以用种子进行繁殖。而在苗圃或田间大量保存各种基因型，成本高，并且易受天灾的打击。于是，人们将种质资源保存的目光集中在了离体保存上。离体保存是将单细胞、原生质体、愈伤组织、悬浮细胞、体细胞胚、试管苗等植物组织培养物，储存在使其抑制生长或无生长的条件下，以达到保存植物种质的方法。这种保存方法具有省时、省地、省力，不受自然生态因素的影响，便于国际植物资源交换等优点。马铃薯种质资源比较容易采用试管苗保存。

10.4 马铃薯种质资源离体保存

常用的离体保存方法主要有低温保存和超低温保存 2 种方式。

10.4.1 低温保存

低温保存是在低于正常培养温度下保存植物组织培养物的技术，它是植物生长发育的有关理论与组织培养技术相结合的产物。该方法常与改变培养基成分、控制光照等措施相结合，以减缓保存材料的生长速度，延长继代时间。这种方法简单易行，需要设备少，投资小，技术成熟，可以作为植物种质资源的中长期保存方法。在进行植物种质低温保存时，需注意保存材料的选择和保存条件的控制，并要勤于管理。低温保存的基本特征是保存材料的定期继代培养，不断繁殖更新。而种质保存的根本目的在于最大限度地保持材料的遗传稳定性，因此，在进行低温保存时，要选用遗传上稳定的外植体作为起始培养材料，以尽可能地减少遗传变异的机会。一些培养物，如原生质体、愈伤组织、悬浮细胞等，容易发生体细胞变异，不能达到保存种质的目的。而具有器官分化能力的体细胞胚和植物茎尖分生组织，能够保持发育的完整性，在遗传上也较稳定，适于用作低温保存的起始材料。同时，要注意控制保存材料所处的温度和光照。在一定温度范围内，材料的寿命随保存温度的降低而延长，但要注意各种植物对低温忍受程度的差异。一般的，5~10 ℃适宜保存温带起源植物的试管苗，15~18 ℃可用于热带植物试管苗的保存。除了温度的控制之外，适当缩短光照时间，降低光照强度，也能减缓材料的生长速度，延长保存时间。但此时要注意防止光照过弱，使材料生长纤细，造成弱苗，以免保存的后期材料不能维持自身生长，这样会不利于材料的低温保存。

目前，在低温保存实践中，人们开始利用有些植物在低温下对黑暗有较大忍受力的特性，在更低的温度下结合黑暗环境来保存材料。比如，我们将魔芋和石斛的试管苗保存在 4 ℃的冰箱中，分别保存 6 个月和 12 个月，材料在保存后能全部存活。魔芋试管苗在保存后能够快速恢复生长，形成完整植株。在进行低温保存时，延缓保存材料生长速度的另一项措施是改变培养基的成分，在其中添加脱落酸、氯化氯胆碱和甘露醇等生长延缓剂和渗透剂。这在马铃薯、甘薯等植物的低温保存中都取得了良好的效果。但是在选择这些试剂时，首先要考虑它对材料遗传稳定性的影响。很多研究表明，在培养基中加入较低含量的甘露醇可以明显提高材料的存活率，而对其遗传特性无影响。因此，甘露醇是低温保存中最常用的渗透剂之一。在低温保存时，种质库要定期检查，保持清洁，及时清除污染材料，并注意积累资料。

10.4.2 超低温保存

超低温保存也叫冷冻保存，一般以液态氮（-196 ℃）为冷源，使保存温度维持在 -196 ℃。生物材料在如此低温下，新陈代谢活动基本停止，处于"生机停顿"状态。由于生物材料处于相当稳定的生物学状态，故不可能产生遗传变异。因此，一旦冷冻程序建立，长期保存是有可能实现的。超低温保存在1949年就成功地应用于动物细胞的保存。用此法保存植物材料的研究，自20世纪70年代以来已有较大的进展，目前已有不少成功的例子，它的应用前景十分乐观。

10.4.3 超低温保存后的活力检测

检测超低温保存后的细胞和器官活力的最基本方法是再培养法。在重新培养过程中，要观测组织细胞的复活程度、存活率、生长速度、组织块的大小和重量的变化，以及分化产生植株的能力和各种遗传性状的表达。其中，测定存活率是这项工作的一个重要环节。存活率的计算公式如下：

存活率 = 重新生长细胞（或器官）数目 / 解冻的细胞（或器官）数目 × 100%

10.4.4 超低温保存的应用前景

种质资源保存的根本目的是保持遗传基因的稳定及其所控制的遗传性状不发生改变。已有的研究结果表明，利用超低温保存法保存种质可以达到这一目标。超低温保存法具有广泛的应用前景，主要表现在：可以长期保持种质的遗传稳定性；保持稀有珍贵及濒危植物的种质资源；保持不稳定的培养物；保持培养细胞形态发生的能力；防止种质衰老；延长花粉寿命，解决不同开花期和异地植物杂交上的困难；解冻过程可以起到离体筛选作用，将那些生命力强、抗逆性强的细胞系选择出来，再生植株可能成为抗逆（如抗寒）的新品种；便于国际种质资源交换。

10.5 我国马铃薯种质资源的保存方法

10.5.1 田间种质库保存

过去，我国马铃薯一直采用"春种、秋收、冬窖藏"的方法保存，大多采用传统的无性块茎年复一年播种收获来保存种质资源。但是，马铃薯为无性繁殖作物，繁殖器官体积大，含水量高，贮藏过程中易发芽，需年年进行田间种植，并且为大株、大行距作物，占用土地面积大，田间保存既费工又不能保证其质量和数量，不仅需要大量的人力、物力和财力，而且常受自然灾害和各种病虫害的侵袭。许多优良老品种和野生种无法继续保存使用，失去了食用、种用和杂交亲本的使用价值。科学技术的不断发展，特别是马铃薯茎尖脱毒技术的应用，为马铃薯研究和生产开辟了新途径。

10.5.2 离体保存

20世纪80年代以来，人们利用茎尖脱毒、组织培养技术逐渐把资源转育成试管苗保存。采用组织培养技术建立无菌试管苗保存马铃薯种质具有许多优点：免去了大田种植保存的费工、费时并降低了危险性；贮藏空间小；繁殖系数高；便于提供原种、地区间发放和国际交流。

离体保存可分为一般保存和延缓生长保存。一般保存马铃薯试管苗采用 MS 固体培养基，温度为 20~22 ℃，光照为 2 000 lx、16 h，每 3~6 个月继代培养一次。延缓生长保存是调节培养环境，在 MS 培养基中添加适量甘露醇、氯化氯胆碱等，同时降低保存温度，可以通过抑制保存马铃薯试管苗的生长和减少营养消耗来延长继代培养的时间。

马铃薯试管薯的诱导成功为马铃薯种质资源保存开辟了另一条新的途径。试管薯在一般条件下可保存 2 年，在低温条件下可延长至 4~5 年。而且还可用砂土保存法保存马铃薯试管薯或原原种，保存时间可达 1 年以上。

近几十年来，各国科学家致力于离体保存技术的研究和利用。我国在这方面也取得了一定进展，建成 2 座国家试管苗种质库，保存甘薯 1 400 份（江苏徐州）、马铃薯 900 份（黑龙江克山）。试验证明，在 MS 培养基中添加 3 mg/L ABA 和 4% 甘露醇，存放 550 d 的试管苗的存活率可达 36%，再加上用塑料薄膜封口代替棉塞，可使试管苗继代保存期延长到 1~1.5 年转移一次。还有试验证明，应用降低培养温度（3~5 ℃）、提高培养基渗透压（90 g/L 蔗糖，7% 甘露醇）、改善透气状况、添加植物生长调节剂（15 mg/L ABA，13 mg/L MH）、添加抗菌剂（100 mg/L 庆大霉素）、抽气减压、补充光照等综合措施保存马铃薯试管苗，2 年后的存活率为 80%~90%，部分苗到 3 年后仍有生命力。

10.5.3　超低温保存

中国农业科学院作物科学研究所选用粮食、蔬菜、花卉和药材等 21 份材料的种子，将其贮藏在 –196 ℃的液态氮中，然后解冻至常温，测定发芽情况后在田间种植，表现发芽力正常。

花粉包含了植物的各种基因类型，是种质资源保存和交换的主要材料。花粉超低温保存在种质资源的保存中越来越占据重要地位。研究影响马铃薯花粉超低温保存效果的因素，结果表明，冷冻前干燥处理 18 h 的花粉，保存后的生活力优于干燥处理 12 h 和 24 h 的花粉；用 0 ℃（12 h）、–10 ℃（12 h）、–20 ℃（12 h）逐步降温预冻处理，可大幅度提高在液态氮中冰冻保存花粉的活力；保存后的花粉用 –20 ℃（12 h）、4 ℃（12 h）、25 ℃（12 h）逐步解冻的效果最好，35~40 ℃直接解冻的效果优于（25±2）℃直接解冻；超低温保存对花粉萌发表现出某些促进作用。

▶ 思考与练习 ◀

1. 简述种质资源保存的重要性及主要的保存方法。
2. 低温保存与超低温保存有何异同?
3. 在超低温保存中,可以采用哪些措施以尽量避免对植物材料的伤害?
4. 马铃薯种质资源的保存方法有哪些?各有哪些优缺点?

11 脱毒马铃薯原原种生产

本章中"原原种"（G1，pre-elite）指的是用脱毒组培苗或试管薯在防虫网、温室等隔离条件下生产，经质量检测达到国家标准 GB 18133-2012《马铃薯种薯》（标准版本更新后，原原种的质量标准应符合最新、现行有效的标准）中对原原种的质量要求的最高级别的用于马铃薯原种生产的种薯。在马铃薯良种繁育体系中，原原种的生产是关键环节，当前原原种繁殖趋向微型化（即微型薯），微型薯生产能较好地控制病原的侵染，且易于贮藏运输，现为大多数生产单位所采用。

目前国内马铃薯原原种生产方式主要分 2 类形式生产：第一类将组培苗移栽在育苗穴盘内，在大棚内炼苗成长后，直接种植到网室或塑料大棚的土壤上，其特点是块茎大，略比大田收获的种薯小，产量高，生产出来的薯块称为小薯（Small tuber），但是过早直接种植于土壤内，易感染真菌或细菌病害；第二类将组培苗移栽在苗床上，采用无土栽培的方法生产脱毒块茎，块茎大小在 2~20 g，称为微型薯（Minituber）。微型薯抗逆性强，可直播于大田，并且不易携带土传病害。无土栽培分为无基质栽培和有基质栽培 2 种：无基质栽培是指没有固定植株的基质，根系直接与营养液接触，包括水培和雾培（也称气雾栽培）2 种方法；有基质栽培是利用基质固定根系，通过基质吸收营养液，生产马铃薯原原种。

除用试管苗生产原原种以外，用试管薯生产原原种的方法也在一些企业被采用。

11.1 利用试管薯在网室内生产原原种

试管薯易于保存，所占空间少，其质量相当于脱毒试管苗，可作为繁殖原原种的基础材料，度过休眠或打破休眠后可直接播种在防虫网室内，通过播种密度来调节结薯个数和薯块大小。试管微型薯栽培技术如下。

11.1.1 催芽

在育苗前 40 d 取出贮藏的试管薯，（如未度过休眠，用 0.5~1 mg/L 的赤霉素浸种 10 min 后捞出晾干）置于室内（18~20 ℃）散射光条件下催芽，待芽长至 2~5 mm 时，芽变成浓绿或紫色时即可育苗。此时试管薯出苗快，根系发达，生长发育健壮。

11.1.2 育苗

将蛭石、草炭土、磷酸二铵、硫酸钾和适量的多菌灵按一定比例混合制成营养基质，装入苗盘，厚5cm，浇透水，按3 cm×6 cm的株距把试管薯摆放在苗盘中，盖约1 cm厚的营养基质、轻浇水，建小拱棚，上覆薄膜，确保苗床内的高温高湿的小环境，以利于尽快出苗。苗床温度白天保持在25~28 ℃，夜间15~18 ℃。待出苗率达到80%后，开始通风，通风时先从背风一侧苗床中央通小风，逐渐过渡到两侧通大风。浇水应少浇，以培育壮苗，苗高5~6 cm、4~5个叶片时准备定植。定植前3~4 d揭去薄膜炼苗，以适应网室环境，促进其快速生长。

11.1.3 网室移栽定植

当地温达到7~8 ℃时即可移栽定植，在平整的土地上铺一层网纱，在其上铺7~8 cm营养基质，浇透水，密度为株距10~15 cm，行距20~25 cm，苗根部压实轻浇水。要精心管理，及时拔除杂草，调控温湿度，促进其健壮生长，当苗长至8~10 cm，开始分次培土（蛭石），每次培土时埋入1~2个节间，培土3~4次，增加结薯层数。当植株出现徒长时，应喷施1~2次多效唑（60 g多效唑可湿性粉剂兑水65 kg）。在块茎开始膨大时，每隔7~10 d喷营养液（0.5%磷酸二氢钾和1.5%尿素溶液）1次，共喷4~5次，以满足植株生长期间的需肥量，防止植株早衰。

11.1.4 病虫防治

在蚜虫高峰前，喷施40%氧化乐果乳油和80%敌敌畏乳油灭杀蚜虫。晚疫病防治采用"预防为主，综合防治"的原则，当田间连续48 h下雨或出现雾气时应用2%的波尔多液（硫酸铜＋氢氧化钙配制）喷雾，每隔5~7 d喷1次，共喷3~4次，或用500~800倍液的杀毒矾、克露交叉喷药。

11.1.5 适时收获

为了提高种用价值，减少病毒侵染，适当提早收获，茎叶开始泛黄时为收获期。收获后，将种薯放在温度为10~15 ℃、空气相对湿度为60%~70%的条件下，经过5~7 d预贮后，薯皮已经充分老化，增强抗机械摩擦的能力后，开始分级整理装袋贮藏，装袋时要每袋内放标签（如果只在袋子外面放标签，一旦标签丢失便无法确认种薯相关信息），并标明品种名、装袋日期、生产批次等。

11.2 利用气雾法生产马铃薯原原种

气雾法栽培是将健壮的脱毒试管苗固定于栽培槽的支持物上,根据马铃薯不同发育时期,适时适量将不同成分的营养液喷于马铃薯根际(保持根际在黑暗状态下),实现生产马铃薯小薯的一种栽培技术(图11-1)。气雾法生产要求条件较高,需要一定的资金和设备,并且要求水电的可靠保障,一旦断电应有备用电源,避免马铃薯苗因无法吸收营养和水分而死亡。该方法是当前较先进的工厂化生产脱毒小薯的方法。

图 11-1 气雾法生产马铃薯原原种

气雾法具有以下优点:一是生产过程可直接观察,有利于调控植株生长和结薯状况;二是脱毒小薯大小可控,并可分期采收;三是植株利用率高,节约试管苗(薯);四是可周年生产,一般一年可生产 3 批,平均单株结小薯达 80 多粒。但利用气雾法生产原原种时因根际湿度较大,原原种气孔较大,相对不耐贮藏。气雾法生产脱毒小薯技术如下。

11.2.1 脱毒苗的准备与定植

将健壮试管苗先扦插在装有营养基质的育苗盘中,在温室中培育健壮基础苗,加强管理。也可以用较大的试管薯来培育壮苗。20 d 左右,将生长健壮且茎直立的试管苗从育苗盘中剪下,苗高 10 cm 左右(不带根)。用 100 mg/L 萘乙酸(促进生根)浸泡 15 min 后(或者按照生根剂的使用说明使用),定植到箱体上,上部留 3~4 片叶,下部露出的部分要把叶片全部剪掉,以防因腐烂引发病害。缓苗期先用清水喷雾,再喷营养液,应注意遮阳,喷水暂停时间应短一些,晴天中午温度较高时不可暂停,否则会导致试管苗萎蔫甚至死亡。

11.2.2 栽培设施的灭菌消毒

定植前应对雾化设施和生产线进行彻底消毒灭菌。消毒灭菌的范围包括营养液池、进水及回水管道、结薯箱及盖、支撑薯苗用的海绵、避光用的黑膜、栽培及收获时的用具、温室环境等。消毒灭菌的方法：首先，消除箱体和营养液池内的残留物；其次，将残留在周围环境中的各种可能带病的东西全部清理出保护区外，在营养液池内放入清水，开动防腐泵对箱体及流水线进行清洗；最后，用 0.1% 的高锰酸钾溶液喷雾或浸泡 30 min，定植前 2 d 用甲醛和高锰酸钾熏蒸温室。

11.2.3 营养液的调配与供给

营养液以 MS 培养基的大量元素为主，适当补充微量元素；根据植株的生长阶段，调节营养液的配比。幼苗期用生长营养液，块茎成长期应用结薯营养液，控制营养液渗透势在 0.132 MPa 左右，pH 值 5.5~6.5。营养液的供应时间长短，应考虑薯苗大小、根系多少、温度高低、光照强弱、昼夜变化及天气的阴晴等因素，既要满足薯苗生长，又要经济合理，避免因无谓消耗所造成的浪费。一般来说，薯苗小、温度低时，供应时间宜短，反之则长；薯苗根系多时，供应时间可相应缩短，反之，则应适当加长。在白天温度 18~22 ℃、夜间温度 14~17 ℃ 的情况下，供应暂停时间为白天 10 min，夜间 40~50 min。在生长期内一定要保证试管苗根际黑暗，15 d 更换一次营养液，出现徒长现象时，应喷施甲哌鎓、多效唑或比久等矮化剂来控制株高，结薯后期喷施 0.3%~0.5% 的磷酸二氢钾的同时喷施 1 500 倍液的多效唑，可加速营养往下运输，缩短膨大天数，提高质量、产量，效果较好。

11.2.4 病害防治

气雾栽培时一旦发生病害，很容易通过营养液传播，因此要十分注意病害的防治，必要时应根据实际情况在营养液中添加药剂对风险较高的病害进行防治。具体病虫害防治方法参考 "11.3 基质栽培法" 部分相关内容。

11.2.5 微型薯成熟收获

微型薯在生长过程中连续膨大，应每 4~5 d 收获 1 次，由于采收前处于高湿环境，小薯含水量高且皮孔全部打开，极易感染病菌，因此采收后应立即用 750 倍液克露或 800 倍液达科宁浸泡，并立即捞出晾晒 1 d 后再贮藏。

11.3 基质栽培法

目前马铃薯原原种的生产方式中应用基质栽培法较多,本部分做重点介绍。

11.3.1 原原种生产棚室设施选择和环境条件控制

11.3.1.1 棚室设施种类及特点

(1)网棚。用钢筋和混凝土等材料的框架做支撑,覆盖小于60目的防虫尼龙网。脱毒苗移栽时需要在外面覆盖遮阳网。

优点:设施、维修和动力成本低。

缺点:没有取暖设施,生产受到外界温度的限制,不能过早种植,不能很晚收获;没有水帘和风机,温湿度不易控制,种薯退化快;隔离条件差,各种土传病害和晚疫病不容易控制,生产的种薯质量较差。

(2)普通温室。利用普通温室生产原原种主要存在以下优缺点。

优点:设施投入成本较低;隔离条件好;可有效控制各种土传病害和晚疫病发生。

缺点:无水帘和风机等;温湿度不能控制在适宜的范围内;生产的种薯质量一般。

(3)智能温室(图11-2)。利用智能温室生产原原种主要存在以下优缺点。

优点:具有水帘、天窗、风机、环流、保温帘和遮阳帘,能够实现温湿度的自动控制;能够及早种植和很晚收获;隔离条件好,各种土传病害和晚疫病等容易控制,生产的种薯质量好。

缺点:设施投入、维修、电费和取暖费等成本较高。

图 11-2 智能温室种植

11.3.1.2 棚室设施环境的控制

(1)温度控制。温室最低温度不得低于10 ℃,最高温度不得超过26 ℃,每天保证温度控制在18~25 ℃。当温度低于10 ℃时,应该采取保暖措施。对于智能温室,要及时打开保温帘;对于普通温室和网棚,要及时盖上棉被。当温度高于26 ℃时,应采取降温措施,对于智能温室,要关闭天窗、打开风机、环流和水帘;对于普通温室,要及时进行通风和采取遮阳处理;对于网棚,要盖上遮阳网。

(2)湿度控制。空气湿度要控制在适宜的范围内,不宜太大,环境相对湿度要小于90%。当相对湿度高于90%时,应及时打开天窗等设施进行通风排潮。

(3)光照控制。光照周期应保持14 h光照、10 h黑暗交替进行,自然光不足情况下应补充光照,每隔10 m^2加一盏汞灯进行补光。

(4)人员操作环境的控制。

①使用温室工具作业时,必须先用75%酒精消毒。

②任何人员进入温室之前,鞋须先用石灰消毒。

③未经管理人员允许,任何人不得接触脱毒苗。

④接触植株前,必须用肥皂洗手和酒精消毒。

⑤非温室管理人员,未经允许不得入内。

⑥每间温室准备一台温湿度记录仪,及时了解温室内温湿度变化,以便有异常情况能够及时采取措施。

⑦温室内一切器具不得带出。

⑧温室内禁止吸烟。

11.3.2 脱毒马铃薯原原种(温室基质)高产优质高效生产技术

为避免蚜虫等传毒介体再次将病毒等病害传染给马铃薯的原原种,原原种生产必须在装有防虫网的温室内进行,要求防虫网小于60目,并且要实施统一的管理和操作,以确保原原种的生产质量。其具体实施方案如下。

11.3.2.1 生产基质的配制

原原种生产既要考虑产量,又要考虑质量,更要考虑成本。为了节约成本,原原种生产基质的选择和组配非常关键。目前,生产上一般选择无土基质方式,选择蛭石、草炭、河沙和珍珠岩中的一种或几种组配在一起作为原原种的生产基质。例如"草炭+珍珠岩+炉灰+有机肥"按照10:4:2:1的比例混合均匀(图11-3,表11-1),可作为原原种生产的基质。

图11-3 生产基质的配制

表 11-1　不同的基质配比方式

序号	基质配方
1	草炭∶珍珠岩∶炉灰∶有机肥 =10∶4∶2∶1
2	草炭∶珍珠岩∶蛭石∶有机肥 =8∶4∶4∶1
3	草炭∶珍珠岩∶砂子∶有机肥 =8∶6∶2∶1
4	草炭∶珍珠岩∶有机肥 =8∶8∶1
5	草炭∶珍珠岩∶砂子∶有机肥 =8∶4∶4∶1
6	草炭∶珍珠岩∶有机肥 =12∶4∶1
7	草炭∶珍珠岩∶有机肥 =4∶12∶1
8	草炭∶砂子∶有机肥 =12∶4∶1
9	草炭∶珍珠岩∶炉灰∶有机肥 =4∶8∶4∶1
10	草炭∶稻壳∶有机肥 =12∶4∶1
11	草炭∶珍珠岩∶砂子∶有机肥 =6∶8∶2∶1

11.3.2.2　苗床准备和基质灭菌

（1）苗床准备。按配方混配各种基质成分，注意混配均匀，并将基质铺在苗床上，厚度为 8 cm 左右（图 11-4）。

图 11-4　苗床准备

（2）基质灭菌。如果是新配制的基质，可以用 40% 辛硫磷乳油 1 500 倍液和 40% 五氯硝基苯可湿性粉剂 500 倍液配成的药液对基质进行杀虫灭菌处理。如果是重复使用的基质，为了有效地控制疮痂病等土传病害，最好采用"40% 辛硫磷乳油 1 500 倍液 + 福美双可湿性粉剂 1 250 倍液 + 多菌灵可湿性粉剂 1 250 倍液"配成的药液杀虫灭菌。

注意：必须将苗床上的基质灭透，然后用塑料薄膜覆盖苗床，保证基质的灭菌杀虫效果（图 11-5）。

图 11-5 基质灭菌

（3）清洁温室。主要清除温室内一切杂草和废弃物，将地面打扫干净，并用清水将温室地面冲洗干净。温室的棚顶、墙壁、地面必须用1%甲醛或用敌敌畏等药剂熏蒸，进行消毒灭菌处理。

11.3.2.3 脱毒试管苗的移栽

当室内的温度稳定在8~25 ℃时，应该及时移栽脱毒苗。

（1）脱毒试管苗的移栽密度。脱毒苗的移栽密度要根据品种熟期、商品薯产量和总产来确定。一般早熟品种的株行距为5 cm×5 cm，中晚熟品种的株行距为7 cm×5 cm。

（2）脱毒苗类型的选择。在工厂化马铃薯种苗组培生产中，马铃薯试管苗在清洗时容易将试管苗折断或者损伤根系。栽种不同类型的脱毒苗生产原原种获得的产量和质量是不一样的。在种苗充足的情况下，应首选完整健康的脱毒试管苗。

（3）炼苗和移栽育苗。

①炼苗。栽苗日期确定以后，炼苗时间就相应确定。通常，试管苗需在温室炼苗5~7 d。

炼苗标准：待试管苗顶端小叶充分变绿和充分展开时，就可移栽种植（图11-6）。

图 11-6 炼苗

炼苗时需注意以下事项。

a. 炼苗区应选择在光照较好的地块。

b. 炼苗时不要打开瓶盖，防止污染。

c. 炼苗区土壤应保持湿润。

d. 炼苗时应将不同品种分别摆放并明确标识，防止混杂。

②移栽育苗。在栽苗的前 2 d 先将苗床浇足底水，在栽苗的前 1 d 用耙子翻土，并将较大的土块弄碎，然后用木板平整并拍平床土，按规格用划印器在苗床上打孔，再用塑料薄膜覆盖苗床，保持水分，以待栽苗（图 11-7）。

图 11-7　移栽育苗

在移栽前，首先，要将试管苗用"生根剂"浸泡 0.5 h，进行生根处理，提高试管苗的移栽成活率；其次，需用 70% 的酒精将手、镊子、剪刀等器具进行消毒处理。

栽苗时，首先，要选择健壮、无菌、带顶端生长点的脱毒苗，淘汰那些被污染的、黄化的弱苗，确保苗齐、苗全、苗壮；其次，左手拿苗，右手用镊子轻轻地掐住试管苗的基部，将其扦插于苗床基质中，脱毒苗露出顶端生长点即可。栽完苗后，马上浇一遍营养液。浇完营养液后，及时浇一遍水，并用竹坯子做拱，最后覆盖塑料薄膜，保持温湿度，提高成活率。

11.3.2.4　查苗、补苗和定苗

覆膜 1 周后，大部分脱毒试管苗叶片展开并生根成活；但还有少部分弱苗不能成活。这时应揭去塑料薄膜，及时做好补苗（栽苗时可按品种集中培育少部分试管苗用于补苗）工作，确保苗全和苗齐。

11.3.2.5　水肥管理

（1）水分管理。根据适宜的土壤含水量以及当前的水分状况决定什么时候浇水、浇多少水。浇水可以采用滴灌或微喷的方式，灌溉时水流要轻，避免将试管苗冲倒（图 11-8）。

图 11-8　基质水分测定和灌溉

各时期适宜的土壤水分含有量如下。

①栽苗期：基质水分要控制在最大田间持水量的 75%~80%。

②苗期：基质水分要控制在最大田间持水量的 60%~65%。

③中后期：基质水分要控制在最大田间持水量的 75%~80%。

④成熟期：基质水分要控制在最大田间持水量的 60%~65%。

（2）肥料管理。要根据基质的养分和马铃薯原原种的需肥规律进行施肥。经空白试验，人工复配的基质其矿质养分是不足的，需要适时施足 N、P、K、Ca、Mg、S 等矿物质营养。建议采用平衡施肥和分期施肥方式，整个生育期间需喷施 8 次营养液。栽苗后喷施第一次营养液，前 2 次要用 1 号营养液，后 6 次要用 2 号营养液，每次喷施间隔时间为 7~10 d，营养液的配方见表 11-2。

表 11-2　各生育时期喷施的营养液配方

序号	肥料种类	1 号营养液 （兑水 250 L）	2 号营养液 （兑水 250 L）
1	$Ca(NO_3)_2 \cdot 7H_2O$	95 g	190 g
2	$MgSO_4 \cdot 7H_2O$	42 g	84 g
3	KNO_3	70 g	140 g
4	$NH_4H_2PO_4$	17 g	34 g
5	K_2SO_4	30 g	60 g
6	KH_2PO_4	14 g	28 g
总计		268 g	536 g

11.3.2.6　覆土管理

当脱毒苗定苗后，应及时覆上 2 cm 厚的基质（基质配方与底土相同），增加苗床厚度，提高单株结薯率，防止由于基质过浅造成匍匐茎，出现"串剑"现象。覆土 1 周后，再覆上 2 cm 厚的珍珠岩，达到保温和保湿的目的（图 11-9）。

图 11-9　覆土管理

11.3.2.7 主要病害的防治

温室里经常发生的真菌病害有立枯丝核菌病和晚疫病；经常发生的细菌病害是黑胫病、软腐病和疮痂病，要及时防治。

（1）丝核菌病害的田间症状及防治。

①田间症状：丝核菌病害的田间症状见图11-10。

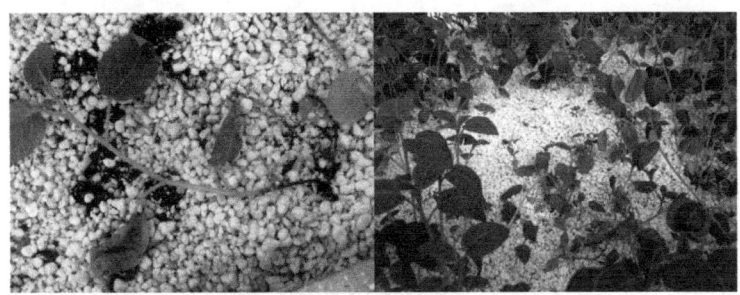

图 11-10　马铃薯原原种植株感染立枯丝核菌症状

②丝核菌病害的防治：一是更换基质倒茬；二是苗床喷施阿米西达（100 mL/亩）。

（2）镰刀菌枯萎病害的症状及防治。

①田间症状：镰刀菌枯萎病害的症状见图11-11。

图 11-11　马铃薯块茎和植株感染镰刀菌症状

②镰刀菌枯萎病害的防治：一是更换基质倒茬；二是苗床喷施福美双80%水分散粒剂（2 000倍液）。

（3）早疫病害的症状及防治。

①田间症状：早疫病的症状如图11-12所示。

图 11-12　马铃薯叶片感染早疫病症状

②早疫病的防治：在发病前期或初期喷施世高（苯醚甲环唑）10% 的水分散粒剂 35~50 g/ 亩或喷施博邦（苯醚甲环唑）10% 的水分散粒剂 40 g/ 亩。

（4）晚疫病害的症状及防治。

①田间症状：晚疫病的症状如图 11-13 所示。

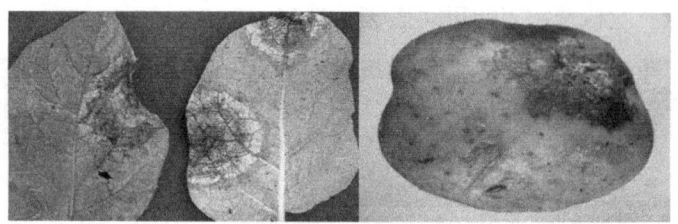

图 11-13　马铃薯叶片和块茎感染晚疫病症状

②晚疫病的防治：生育前期，先喷施代森锰锌性的保护性药剂；生育中期，喷施 72% 克露（100 g/ 亩）、64% 杀毒矾（120 g/ 亩）、25% 瑞凡（40 mL/ 亩）、银法利（80~100 mL/ 亩）等内吸性系统治疗剂；生育后期，喷施科佳（60 mL/ 亩）和福帅得（30 mL/ 亩）等保护块茎的杀菌剂。

（5）黑胫病和软腐病害的症状及防治。

①田间症状：黑胫病和软腐病的症状如图 11-14 所示。

图 11-14　马铃薯植株和块茎感染黑胫病症状

②黑胫病和软腐病的防治：在育苗移栽前，基质使用 72% 农用链霉素（2 000 倍液）或福美双 80% 水分散粒剂（2 000 倍液）灭菌。

（6）疮痂病害的症状及防治。

①田间症状：疮痂病害的症状如图 11-15 所示。

图 11-15　马铃薯块茎疮痂病症状

②疮痂病害的防治：一是换基质倒茬；二是选用酸性肥料，土壤中 pH 值维持在 5~5.2；三是"酸性疮痂"可通过使用药剂进行防治，即在发病初期使用 65% 代森锰锌可湿性粉剂 1 000 倍液或使用 72% 农用链霉素 15~20 g/ 亩喷施 2~3 次，间隔为 7~10 d。有条件的地方可用土壤熏蒸剂进行土壤消毒。

11.3.2.8 主要虫害的危害状及防治

由于温室内的湿度较大，经常发生潜叶蝇、白粉虱、蓟马和蚜虫等虫害。发现危害状后，要及时防治。

（1）潜叶蝇的危害症状和防治。

①症状：潜叶蝇的危害症状如图 11-16 所示。

图 11-16　潜叶蝇

②潜叶蝇的防治：一是用黏性的黄板诱捕成虫；二是使用对成虫或幼虫有特效的药剂如斑潜净（1 000~2 000 倍液或 25~60 g/ 亩），施药时间最好在清晨或傍晚，避免在晴天中午施药，施药间隔 5~7 d，连续用药 3~5 次，即可消除潜叶蝇的危害。

（2）蓟马的危害症状和防治。

①症状：蓟马的危害症状如图 11-17 所示。

图 11-17　蓟马

②蓟马的防治：干旱条件有利于蓟马的繁殖，适时灌溉是一种有效的防治方法；也可用 40% 辛硫磷乳油（1 500 倍液）和 40% 乐果乳油（1 500 倍液）进行叶面喷施。

（3）蚜虫的危害症状和防治。

①症状：蚜虫的危害症状如图 11-18 所示。

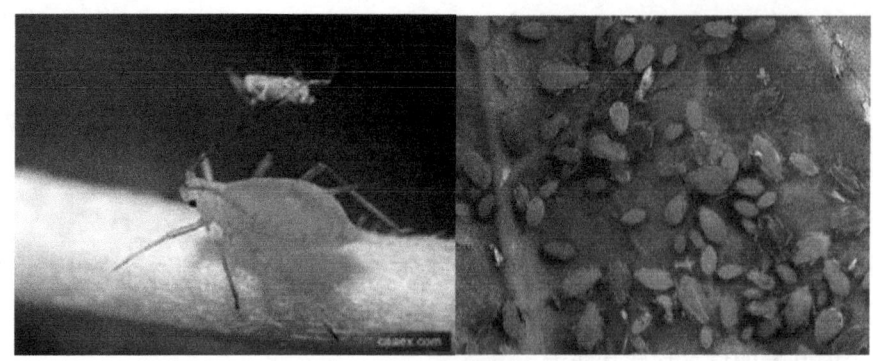

图 11-18　蚜虫

②蚜虫的防治：可以选用触杀、熏蒸、胃毒等击倒力强的速效杀虫剂，如用溴氰菊酯（35~50 mL/亩）或用 2.5% 氯氟氰菊酯（25~50 mL/亩）进行叶面喷施；还可选用内吸性的杀虫剂如阿克泰（6~10 g/亩）或吡虫啉（10 g/亩）或 20% 丁硫克百威乳油（30~40 mL/亩）进行叶面喷施。

（4）白粉虱的危害症状和防治。

①症状：白粉虱的危害症状如图 11-19 所示。

图 11-19　白粉虱

②白粉虱的防治：使用 10% 扑虱灵乳油（1 000 倍液）、2.5% 灭螨猛乳油（1 000 倍液）、21% 灭杀毙乳油（4 000 倍液）、2.5% 天王星乳油（4 000 倍液）、2.5% 功夫乳油（5 000 倍液）以及 20% 灭扫利乳油（200 倍液）等药剂，均可有效地消除粉虱危害。

11.3.2.9　原原种的收获和分级

待脱毒苗植株 50% 以上的叶面发黄时，意味着原原种已经成熟（图 11-20）。收获时，需要将枯枝败叶拔掉，收起表土上的珍珠岩，按品种收获床土中的原原种，防止品种混杂。

11 脱毒马铃薯原原种生产

图 11-20　原原种的收获

收获的原原种要用分选机进行大小分级和装箱（图 11-21）。按块茎大小将原原种分为 10 级（大于 20 g、15 g、10 g、7 g、5 g、3 g、2 g、1 g、0.5 g、小于 0.3 g）。分级后的原原种要及时剔除病薯、杂薯和泥土等杂质；及时装箱并统计出数量，并贴上标签注明品种、级别及数量，最后封箱保存。

图 11-21　原原种的分级

11.3.2.10　原原种的科学储藏

收获的原原种要放入透气的塑料箱或木箱中保存。块茎大的原原种可以装得满些，块茎小的原原种应装得少些，防止由于通风透气不好造成原原种的伤热、黑心和提前发芽。

原原种要分品种单间或单区放置，禁止混杂。刚收获的放入储藏箱的原原种不能直接进入低温库保存，应先在通风阴凉处储藏 10~15 d 进行愈伤、干燥和后熟处理，然后再转入恒温库保存。刚刚收获的原原种直接入冷库时，库温刚开始要维持在 14~15 ℃，然后逐渐降低温度，7 d 以后，将库温控制在 3 ℃ 左右为宜。

▶思考与练习◀

1. 简述马铃薯病毒病对产量和品质的主要危害,以及脱毒种薯生产的必要性。

2. 茎尖脱毒是马铃薯脱毒的核心技术,说明其操作要点(包括取样部位、大小、培养基成分及培养条件)。

3. 热处理脱毒的原理是什么?在马铃薯脱毒中,常采用的热处理温度、时间及操作方式有哪些?

4. 列举3种马铃薯病毒检测方法(如血清学、分子生物学方法),并说明其优缺点。

5. 原原种生产中,如何控制培养过程中的污染问题(从环境、操作、培养基三方面分析)?

12 马铃薯组培与工厂化育苗实验

12.1 实验要求

12.1.1 学生实验守则

（1）实验实训前必须进行预习，明确实验原理、目的、要求、方法及实验步骤，熟悉所用仪器、设备的性能及操作规程，做好实验准备。

（2）进入实验实训室时要严格遵守各项规章制度，着工作服，不得披散头发，影响实验的开展。

（3）做实验时应保持室内安静、整洁，不乱倒废物及实验产生的废料，不影响他人实验，不乱动他人的实验材料。

（4）听从教师指导，遵守操作规程，认真操作，仔细观察，积极思考，努力培养分析问题和解决问题的能力。

（5）如实记录实验数据，分析实验现象，不得抄袭他人实验记录，做完实验后认真复查。

（6）爱护仪器、设备等公物，节约水、电、试剂、药品和实验器材。凡损坏或丢失物品，均应及时报告并登记，按相关规定处理。

（7）实验结束后要整理实验台面，打扫卫生。离开时要注意切断电源、水源等。

（8）按时完成并提交实验报告，认真做好实验总结和复习，真正掌握所学知识。

12.1.2 马铃薯组织培养实验报告的书写要求

实验报告是对实验观察、记载、比较后所得结果的真实报告。实验报告内容应包括（但不限于）实验人员简况、实验目的、实验原理、实验材料和用具、实验方法或步骤、实验结果报告，以及实验收获与体会、思考，存在的问题和改进的意见建议等。

（1）实验人员简况。实验人员简况主要包括学生年级、班级、姓名、学号、实验分组、实验日期等情况。

(2)实验目的。对实验要达到的目的进行简要概括。

(3)实验原理。对实验原理进行简要概括。

(4)实验材料和用具。对实验过程中实际使用的实验材料和用具的规格、型号、试剂名称、浓度等进行如实记录。

(5)实验方法或步骤。对实验过程中实际使用的实验方法或步骤进行叙述。

(6)实验结果报告。实验结果报告的形式可以根据实验结果的不同分为文字描述、绘图、照片和列表分析等几种形式,报告模板如下。

(7)实验收获。实验收获主要说明通过实验是否达到了实验应该达到的目的;是否理解或掌握了实验原理;是否发现存在的问题,并提出意见和建议。

实 验 报 告

马铃薯组织培养与工厂化育苗实验

实验名称：_____

班　　级：_____

学生姓名：_____

同组成员：_____

学　　号：_____

授课教师：_____

实验时间：　　年　　月　　日

××××—×××× 学年 第 × 学期

一、实验目的

二、实验原理

三、材料与用具

四、实验步骤

五、注意事项

六、结果与思考

实验报告成绩：

12.2 MS 培养基母液的配制

12.2.1 实验目的

（1）了解配制 MS 培养基母液的目的。
（2）掌握培养基母液的制备方法、保存方法及其注意事项。

12.2.2 实验原理

MS 培养基是最常用的基本培养基。培养基一般包括无机盐、有机化合物和植物生长调节剂三大基本组成成分。在配制培养基时，为了减少试剂称取的工作量和称量时出现的误差，以及避免多种营养成分混合导致沉淀出现或相互反应而失去营养价值，预先要将各种营养成分配制为不同组分的培养基母液（stock solution），即浓缩储备液。母液的浓度为培养基浓度的 10 倍、100 倍或更高。MS 培养基的母液常常配制为大量元素母液（10 倍液）、微量元素母液（100 倍液）、铁盐母液（100 倍液）、有机物质母液（100 倍液）及各种植物生长调节剂，使用时按浓度定量吸取后加入。

12.2.3 材料与用具

12.2.3.1 实验材料

KNO_3、NH_4NO_3、$MgSO_4 \cdot 7H_2O$、KH_2PO_4、$CaCl_2 \cdot 2H_2O$、$MnSO_4 \cdot 4H_2O$、$ZnSO_4 \cdot 7H_2O$、H_3BO_3、KI、$NaMoO_4 \cdot 2H_2O$、$CuSO_4 \cdot 5H_2O$、$CoCl_2 \cdot 6H_2O$、Na_2-EDTA、$FeSO_4 \cdot 4H_2O$、甘氨酸、盐酸硫胺素、盐酸吡哆醇、烟酸、肌醇、IAA、IBA、NAA、2,4-D、KT、玉米素（ZT）、6-BA、GA_3、ABA、NaOH、HCl、95% 乙醇。

12.2.3.2 实验用具

天平、烧杯、量筒、玻璃棒（或搅拌器）、吸耳球、移液管、移液器及配套吸头、试剂瓶。

12.2.4 实验步骤

（1）大量元素母液（10 倍液）：分别称取 10 倍用量的各种大量无机盐（各类母液成分、浓度、用量、保存方法详见表 3-2），把 Ca^{2+} 与 SO_4^{2+}，Ca^{2+}、Mg^{2+} 与 PO_4^{3-} 分别溶解，最后加水，定容至 1 000 mL 后装入试剂瓶，冰箱内冷藏室保存备用。

（2）微量元素溶液（100 倍液）：分别称取 100 倍用量的微量无机盐，依次溶解于 800 mL 水中，定容至 1 000 mL 后装入试剂瓶中，冰箱内冷藏室保存备用。

（3）铁盐母液（100 倍液）：称取 100 倍用量的 Na_2-EDTA 和 $FeSO_4 \cdot 4H_2O$，溶于 800 mL 水中，定容至 1 000 mL 后装入棕色试剂瓶中，放入冰箱内冷藏室保存备用。

（4）有机物质母液（100 倍液）：分别抽取 100 倍用量的各种有机物质，依次溶解于 400 mL 水中，定容至 500 mL 后分装于试管中，放入冰箱冷冻室储存备用。

（5）植物生长调节剂溶液的配制：植物生长素类物质，如 IAA、IBA、NAA 和 2,4-D 可先用少量 95% 酒精溶解，再用水定容；植物细胞分裂素类物质，如 KT、ZT 和 6-BA，可用少量 1 mol/L 的 NaOH 溶解后，再加水定容；将配制好的溶液装入试剂瓶或试管中，冰箱内冷藏或冷冻保存备用；IAA、IBA 和 ZT 溶液应避光保存，具体的配制、保存与灭菌方法如表 12-1 所示。

表 12-1 植物生长调节剂溶液的配制与保存（白江平，2019；刘海英等，2019）

种类	名称	相对分子质量	试剂保管	溶解方法	保持方法	高压灭菌
生长素	IAA	175.19	冷冻	95% 酒精	冷冻避光	○ ~ △
	IBA	203.23	冷藏	95% 酒精	冷冻避光	○ ~ △
	NAA	186.21	室温	95% 酒精	冷藏	○
	2,4-D	221.04	室温	95% 酒精	冷藏	
细胞分裂素	KT	215.21	冷冻	1 mol/L NaOH	冷冻	
	ZT	219.20	冷冻	1 mol/L NaOH	冷冻避光	×
	6-BA	225.25	室温	1 mol/L NaOH	冷藏	
其他	GA_3	346.38	室温	95% 酒精	冷藏	× ~ ○
	ABA	264.32	冷冻	1 mol/L NaOH	冷冻避光	○ ~ △

注：高压灭菌，○——可以；△——有部分分解；×——需过滤灭菌。

12.2.5 注意事项

（1）配制好的母液应在试剂瓶上注明溶液种类、浓度、配制日期、配制人员、保存条件等信息。当发现溶液有霉菌或沉淀时，应该重新配制。

（2）NAA 溶液配制成 1 mg/mL 时，4 ℃冷藏保存容易析出沉淀，可以配成 0.1 mg/mL 的母液备用。

12.2.6 结果与思考

（1）根据实验结果撰写实验报告。

（2）为什么要配制母液？如何配制 MS 培养基的 4 种母液？应注意什么？

（3）如何储存母液？

（4）如何配制植物生长调节剂？

12.3 MS 培养基的配制

12.3.1 实验目的

了解 MS 培养基的相关知识和掌握制备培养基的基本方法是进行马铃薯组织培养必备的基本技术之一。通过本次实验，应学会利用已配制好的 MS 培养基母液来配制 MS 培养基。

12.3.2 实验原理

培养基的选择和制备对植物组织培养成功与否的影响非常大。培养基的种类、营养成分、pH 值等都会影响到外植体的生长、发育。因此，必须掌握培养基的配制方法和注意事项方能配制出符合生产和科研要求的培养基。

12.3.3 材料与用具

12.3.3.1 仪器与用具

量筒、盛放培养基的容器、酸度计（或精密 pH 试纸）、加热器（微波炉或电磁炉）、纯水仪（或蒸馏水）、培养器皿、玻璃棒等。

12.3.3.2 试剂

蒸馏水、1 mol/L 的氢氧化钠和 1 mol/L 的稀盐酸。

12.3.4 实验步骤（以配制 1 000 mL 培养基为例）

（1）取出母液和植物生长调节剂溶液并按顺序放好，将冷冻的贮藏液溶化待用。将各种洁净的器皿（如量筒、烧杯、移液管、玻璃棒等）以及移液枪等放于便于操作的位置。

（2）取一只 1 L 烧杯，放入 500 mL 左右蒸馏水，依次加入大量元素母液（10 倍液，100 mL）、微量元素母液（100 倍液，10 mL）、铁盐母液（100 倍液，10 mL）、有机物质母液（100 倍液，10 mL），并不断搅拌。

（3）根据培养基的配方加入植物生长调节剂和蔗糖，待蔗糖溶解后加蒸馏水定容至 1 L。

（4）加入琼脂（通常 7~10 g/L，视琼脂强度和培养目的增减用量），加热使其完全溶解，溶解过程中要不断搅拌，避免糊底。

（5）调整 pH 值。用预先配好的氢氧化钠或稀盐酸调节。

（6）将培养基分装到培养器皿中，封好瓶口并及时灭菌。本步骤可以使用蠕动泵分装，也可以使用分装器进行分装，避免培养基滴落在容器外。分装过程中要进行保温，避免培养基凝固。

12.3.5 注意事项

（1）当发现母液中有沉淀或者发霉的时候应重新配制。

（2）配制好的培养基应及时灭菌备用。

12.3.6 结果与思考

（1）根据实验结果撰写实验报告。

（2）在配制培养基过程中应注意哪些问题？

（3）培养基凝固效果不好可能是什么原因？应如何调整？

（4）如何鉴定培养基的灭菌效果？

12.4 消毒与灭菌

12.4.1 实验目的

（1）了解消毒与灭菌的区别、目的、基本原理与应用范围。

（2）掌握实验室常用的消毒、灭菌方法。

12.4.2 实验原理及方法

消毒与灭菌是组织培养实验室日常工作中的必备环节，对组织培养工作的成败至关重要。消毒一般是指消灭微生物的营养体；灭菌是指杀灭所有微生物。在组织培养过程中不能有污染，应对所用物品、场所等进行严格的消毒和灭菌处理。消毒和灭菌的方法很多，可分为物理法和化学法两大类：物理法包括加热灭菌（干热和湿热）、过滤除菌和紫外线灭菌等；化学法主要是利用化学药品对实验室用具和其他物体表面进行灭菌和消毒。灭菌对象不同、实验目的不同，采用的灭菌方法也不同。一般来说，玻璃器皿可用干热灭菌，培养基用高压蒸汽灭菌，某些不耐高温的培养基如血清牛乳等可用巴斯德消毒法、间歇灭菌法或过滤除菌法，无菌室、无菌罩等可用紫外线照射、化学药剂喷雾或熏蒸等方法灭菌。下面分别介绍几种消毒、灭菌方法的原理及操作步骤。

12.4.2.1 干热灭菌

干热灭菌是利用高温使微生物细胞蛋白质凝固变性从而实现灭菌的目的，包括火焰灼烧和热空气灭菌2种。火焰灼烧适用于接种环、试管口等的灭菌。热空气灭菌是在电热烘箱内灭菌，适用于玻璃器皿、金属用具等。热空气灭菌温度不能超过180 ℃，否则包装纸和棉塞就会烧焦，甚至引起燃烧。具体操作步骤如下。

（1）装物。将包好的待灭菌的培养皿、试管、吸管等放入电烘箱内，不可装得太挤，以免影响热空气流通。物品也不要与电烘箱内壁接触，以防包装纸被烤焦起火。

（2）升温。关好电烘箱门，接通电源，打开开关，设定温度为160~170 ℃，使温度逐渐上升。如果红灯熄灭、绿灯亮，表示停止加温。

现在大多数干燥箱温度控制采用数字显示控温仪，用高稳定性热敏电阻做感温元件，具有感温灵敏、热惯性小、精度高、性能稳定等优点，设定和测定箱内温度均有数字显示，直观、清晰，操作也方便。设定温度时按控温仪的设定、测量按钮开关，旋转设定旋钮至所需温度，设定完毕，再按一下设定、测量按钮开关，使其伸出，则显示箱内测量温度。干燥箱加热或恒温状态分别有黄、绿指示灯指示。

（3）恒温。当温度升至160~170 ℃时，维持此温度2 h。中间应注意检查，严防恒温调节器的自动控制失灵而造成事故。

（4）降温。切断电源，自然降温。

（5）取物。待电烘箱温度下降到60 ℃以下时方可打开箱门，取出物品，以免骤然降温（尤其是气温较低时）引起玻璃器皿炸裂。

已灭菌的培养皿、移液管等应在使用时才从纸包里取出来，避免污染；橡胶、塑料制品不能干热灭菌。

12.4.2.2 高压蒸汽灭菌

高压蒸汽灭菌是将待灭菌物品放在密闭的加压灭菌锅内，加热使灭菌锅夹层中的水沸腾产生蒸汽。待蒸汽将锅内冷空气从排气阀驱尽后关闭排气阀，继续加热。因蒸汽不能逸出而增加锅内压力，水的沸点增高，高于100 ℃，导致菌体蛋白质凝固变性从而实现灭菌的目的。同一温度下，湿热灭菌效果优于干热灭菌：蛋白质含水量增多时凝固所需温度降低，湿热中菌体细胞吸水蛋白质较易凝固；湿热的蒸汽有潜热，由气态变为液态时放出热量能提高灭菌物体的温度；湿热的穿透力比干热大。高压灭菌锅必须由具有特种压力容器使用许可证的人员操作。灭菌的主要因素是温度而非压力。灭菌锅内冷空气是否完全排尽极为重要，因为空气的膨胀压大于水蒸气的膨胀压，在同一压力下含空气的蒸汽的温度低于饱和蒸汽的温度。若锅内有一半的空气，压力表虽已指在0.1 MPa，但锅内温度却只有112 ℃，灭菌不彻底。一般培养基用0.1 MPa、121 ℃、15~30 min，可以彻底灭菌。

手提式高压蒸汽灭菌锅的使用方法如下。

（1）加水。打开灭菌锅盖，取出内层桶，向锅内加入适量水，水面与三角搁架相平。

（2）装料。放回内层桶，装入待灭菌物品，不要太挤，棉塞不要接触桶壁，以免冷凝水沾湿棉塞或冷凝水渗透棉塞进入培养基等。

（3）加盖。将盖上排气软管插入内层桶的排气槽内，移正、盖上锅盖，两两对称地拧紧所有螺栓，勿使漏气。

（4）排气。打开排气阀，加热，水沸腾后约 5 min 排出很强气流并产生大量雾气，还有嘘声，表明空气已排尽。

（5）升压和保压。闭排气阀，压力上升，压力表指针达到所需压力刻度时控制热源，开始计时，维持压力至所需时间，一般用 0.1 MPa、121 ℃、15~30 min 可彻底灭菌；灭菌时间的长短与灭菌物品的多少有关。

（6）降压。灭菌后停止加热，让压力自然下降到零后方可打开排气阀，放尽余下的蒸汽，用对称顺序拧松螺栓，打开锅盖，取出物品，放掉锅内剩水。

现在越来越多的实验室使用自动灭菌器，具有效果优良、操作简便、安全可靠等优点。灭菌器盖装有双刻度压力表，有温度、压力读数指示，清晰、直观；设有定时开关，可根据灭菌的需要设定灭菌时间；装有压力控制器，可根据灭菌物品设定、控制灭菌压力；装有安全阀和排气阀，压力超过 0.14 MPa 时安全阀自动释放过高的压力，性能可靠；具有自动保护功能，灭菌器内断水时电路自动切断，同时蜂鸣器响起，提醒补水。使用简便，加水、装料、加盖后即可通电加热。先将定时器旋钮指示线旋至"ON"处，压力控制器调至刻度线的中间位置，再开电源开关，工作指示灯亮，灭菌器加热，打开排气阀，排出空气后关闭排气阀。根据需要设定灭菌压力和时间。加热至工作指示灯灭，灭菌指示灯亮。此时压力控制器上所对应的位置即为压力表上所指示的压力和温度。保压灭菌中，灭菌指示灯与工作指示灯交互闪烁，表明已达恒温、恒压状态。达到设定灭菌时间后定时器指针回到零位（"OFF"），工作指示灯、灭菌指示灯灭，灭菌结束指示灯亮。

（7）无菌检查。将灭菌培养基置于 37 ℃ 培养 24 h，无杂菌生长者可备用。

12.4.2.3 煮沸消毒

煮沸消毒可使菌体蛋白质凝固变性而死亡。将待灭菌物品用纱布包好，放入煮沸消毒器，加水煮沸 15~20 min，一般可杀灭细菌的营养体。煮沸 1~2 h，可杀灭芽孢。在水中加入 2% Na_2CO_3 可促使芽孢死亡，而且可防止金属器械生锈。

12.4.2.4 紫外线灭菌

紫外线灭菌是用紫外灯进行的，波长 200~300 nm 的紫外线都有杀菌能力，以 260 nm 为最强。紫外线的波长一定时，其杀菌效率与其强度和时间的乘积成正比。其灭菌机理为：一是可导致 DNA 中胸腺嘧啶二聚体的形成，从而抑制 DNA 的复制；二是紫外辐射使空气中的 O_2 电离成（O），使 O_2 氧化成臭氧（O_3），或使水（H_2O）氧化成过氧化氢（H_2O_2），H_2O_2 和 O_3 都有杀菌能力。紫外线穿透能力较差，不能穿过玻璃、衣物、纸张等，仅适于物体表面或无菌室、接种箱内空气消毒，照射距离不超过 1.2 m。

化学消毒剂与紫外线结合可增强灭菌效果，开灯前先喷 3%~5% 石炭酸溶液，桌面、凳子用 2%~3% 来苏尔溶液擦洗。为检查灭菌效果，可在灭菌后的接种室内桌上和桌下各放一套无菌牛肉膏蛋白胨平皿，打开盖，15 min 后盖上，37 ℃ 培养。如果每个平皿中菌落不超过 4 个则可认为灭菌效果良好；若菌落多则需延长照射时间或采用其他措施。紫外线对人体有害，人不能在开着的紫外灯下工作，特别要避免对眼睛的灼伤。可见光会使形成的二聚体复原，因此开紫外灯时不能同时开日光灯或白炽灯。

12.4.2.5 化学灭菌

（1）福尔马林。福尔马林为甲醛的水溶液，浓度为 37%~40%，它是一种强杀菌剂，可使菌体蛋白质凝固。10% 福尔马林常用于固定组织标本，其蒸气常用于接种室和培养室熏蒸灭菌，熏蒸福尔马林的用量通常按 2~6 mL/m^3 计算，可用加热法或氧化法。加热法用酒精灯加热，酒精量以能蒸干甲醛溶液为宜。氧化法是先称好高锰酸钾（甲醛用量的 1/2），放在瓷碗或大烧杯里，将甲醛倒入碗或杯内，立即出屋关门。高锰酸钾是强氧化剂，其氧化反应使甲醛挥发为气体。甲醛熏蒸应在使用前至少 24 h 进行，熏蒸后密闭 12 h 以上，再处理使用。

（2）石炭酸（苯酚）。石炭酸是一种常用的防腐剂和杀菌剂，其作用机制是使菌体蛋白质凝固，而且其渗透力也强，配制成的 3%~5% 石炭酸溶液是一种常用的消毒剂。一般用于接种室内喷雾，进行桌面、地面及墙壁的消毒。

（3）来苏尔。来苏尔即煤酚皂液，它是甲酚和肥皂制成的乳浊液，杀菌效力比石炭酸大 4 倍。1%~2% 来苏尔溶液常用于无菌操作前洗手消毒，或用于室内喷雾消毒。也可用 3% 来苏尔溶液浸泡用过的吸管及玻璃器具（浸泡约 1 h）消毒。

（4）乙醇（酒精）。乙醇是常用的消毒剂，其杀菌力随浓度的改变而变化：浓度过高（95%~100%）的乙醇接触菌体后立即使菌体表面蛋白质凝固，形成一层保护膜而阻止乙醇分子渗入菌体内，影响杀菌效果；浓度过低则杀菌力减弱。实验证明，70% 乙醇溶液杀菌作用最强，常用于皮肤或器具表面消毒，浸泡载玻片、盖玻片。

12.4.2.6 微孔滤膜过滤除菌

过滤除菌是通过机械作用滤去含有易受热分解物质的液体或气体中细菌的方法。它不能去除支原体和病毒等。根据需要选用不同的过滤器和滤板材料。微孔滤膜过滤器是由上下两个分别具有入口和出口连接装置的塑料盖盒组成，入口处可连接针筒，出口处可连接针头。当溶液从针筒注入滤器时，将各种菌体阻留在微孔滤膜上面，实现除菌。根据待除菌溶液的量可选用不同大小的滤器。此法除菌的最大优点是不破坏溶液中各种物质的化学成分。由于滤量有限，因此一般只适用于实验室中少量溶液的过滤除菌。

（1）组装、灭菌。将 0.22 μm 孔径的滤膜装入清洗干净的塑料滤器中，旋紧压平，包装灭菌（0.1 MPa、121 ℃灭菌、20 min）后待用。

（2）连接。将无菌滤器入口在无菌条件下以无菌操作连接于装有待滤液（如 2% 葡萄糖溶液）的注射器上，将针头与出口处连接并插入带橡皮塞的无菌试管中。

（3）压滤。将注射器中待滤溶液加压缓缓过滤到无菌试管中，滤毕，将针头拔出。

压滤时，用力要适当，不可太猛、太快，以免细菌被挤压通过滤膜。

（4）无菌检查。吸取除菌滤液 0.1 mL 于牛肉膏蛋白胨平板上，涂布均匀，置 37 ℃ 温室中培养 24 h，检查是否有菌生长。

（5）清洗。弃去塑料滤器上的微孔滤膜，将塑料滤器清洗干净，并换上一张新的微孔滤膜，组装包扎，再经灭菌后使用。

全过程应在无菌条件下严格无菌操作，以防污染，过滤时应避免各连接处出现渗透。

12.4.3 实验步骤

将配制好的 MS 培养基进行高压蒸汽灭菌，并检查灭菌效果。

12.4.4 注意事项

（1）使用手提式高压蒸汽灭菌锅前应仔细检查其各部件是否完好，并严格按操作规程规范操作，防止意外事故发生。

（2）自动手提式灭菌器设定温度和时间时，旋转设定旋钮要先旋过所需位置再旋回所需位置，以确保准确。

（3）高压蒸汽灭菌时操作者切勿擅自离开岗位，要随时观察压力表指针动态，避免因压力过高或安全阀失灵等原因诱发事故。

（4）高压蒸汽灭菌结束务必待锅压下降到零位后再打开排气阀排出余气，开盖取物，否则因锅内压力突然下降，培养基或其他液体易发生复沸腾，造成瓶内液体沾湿棉塞或溢出等事故，甚至烫伤人员。

（5）高压蒸汽灭菌锅装料前切记加足水量，若锅内缺水会干烧引发重大事故。

12.4.5 结果与思考

（1）根据具体实验结果撰写实验报告。

（2）高压蒸汽灭菌为何要将锅内冷空气排尽？

12.5 无菌操作

12.5.1 实验目的

在植物组织培养过程中，培养材料接种时应严格按照无菌操作进行，避免杂菌污染，从而可以获得无菌的培养材料。通过本实验应认真体会无菌操作要领。

12.5.2 实验原理

组织培养实验和工作中，无菌操作技术是指为防止杂菌污染培养材料而采取的一系列措施。开展组培实验前应清理超净工作台台面，移走不必要的物品，用湿布拭净灰尘，消毒台面，洗净双手。无菌操作应在酒精灯火焰旁严格按无菌操作规程进行。高温对微生物有致死效应。切忌边接种边聊天和随意走动，以防止因有菌气流进入超净工作台而造成污染。

在组织培养工作中，除在操作时应进行无菌操作以外，组织培养涉及的接种室、培养室等也应定期进行消毒灭菌，降低环境中微生物的浓度，从而降低污染率。

12.5.3 材料与用具

超净工作台，外植体，肥皂，70%~75%酒精，酒精灯，镊子，剪刀，无菌器械支架，培养容器，试管架，记号笔等。

12.5.4 实验步骤

12.5.4.1 准备工作

工作人员无菌操作前需用肥皂搓洗双手及手臂，并用流水冲净，穿戴好灭菌工作服、工作帽和口罩，更换拖鞋，才能进入无菌操作区。进入无菌操作区后，再用70%~75%酒精擦拭双手和前臂。用70%~75%酒精擦洗工作台面后，将已消毒灭菌的实验用品取出，并将操作器械放置在无菌器械支架上，然后开始实验操作。

12.5.4.2 无菌操作步骤

准备工作完成后，对来自自然生长条件下的外植体，按培养材料消毒方法处理后，放入已灭菌的培养皿中，置于超净工作台酒精灯火焰下方，用灭菌剪刀等器械进行适当分离、切割或其他处理后备用。在酒精灯火焰处将培养容器的瓶塞（盖）轻轻打开，瓶口在灯焰处旋转灼烧，用镊子将培养材料置入培养基上，将镊子在酒精瓶中浸蘸酒精，置于酒精灯上灼烧后放回支架，然后迅速灼燎瓶塞（盖）数秒后塞回瓶口。对继代培养材料的无菌操作，需在灯焰处打开瓶塞（盖），继代材料为液体培养细胞时，直接用灭菌吸管吸取培养细胞液放入新培养液中；继代材料为固体培养细胞时，用灭菌镊子挑取适量材料置于新培养基上；继代材料为其他组织时，用灭菌剪刀或其他器械进行培养材料适当切割后，用灭菌镊子将其置于新培养基上，然后迅速灼燎瓶塞（盖）数秒后塞回瓶口。

12.5.4.3 污染源及其表现特征

当培养材料、接种器皿、无菌操作环境等消毒灭菌不彻底时，培养材料则携带微生物，当其被接种到营养丰富的培养液（基）中时，微生物繁殖迅速，出现各种污染菌斑。微生物生长时分泌出对培养材料有毒的代谢废物，致使培养材料死亡或失去使用价值。在培养过程中，培养材料附近出现黏液或混浊的水迹，并有发酵状泡沫，这是细菌性污染。在细菌性污染中，特别要注意一种呈乳白色的芽孢杆菌污染，它可能出现在培养液表面,或呈滴形云雾状存在于培养液内。培养基表面出现黄色、白色、黑色等不同颜色的点状或絮状物时,则可能是霉菌,属真菌污染。若出现以上现象,表明培养器皿已受微生物污染,必须高压蒸汽灭菌后才能打开和清洗,不得直接在室内打开。

12.5.5 注意事项

12.5.5.1 注意化学药品对人体健康的危害及对环境的影响

在无菌操作时除了需要确保无菌操作的效果,避免污染以外,还应注意化学药品对人体健康的危害和对环境的影响。盐酸可以引起严重的支气管炎,皮肤接触也可以引起伤害,因此在取用浓盐酸时应戴橡胶手套,绝不能用嘴吸移液管而要用吸耳球,最好在通风橱内操作,并准备好自来水以防止发生意外。不应在紫外灯下使用盐酸或其他含氯的无机化合物溶液,因为紫外灯可使之释放出氯气。来苏尔能杀死微生物的营养细胞,但不能杀死孢子,不能用作植物组织培养室内的灭菌剂。在没有专业技术人员指导的情况下,不能在实验室内进行气体消毒。室内进行消毒后(时)应在门上或醒目位置给出警示,避免其他人员误入造成伤害。

12.5.5.2 注意预防紫外线伤害

紫外线对人体健康具有危害作用,因此不能在不戴防护眼镜的情况下直接观看紫外光,也不能将手长时间放在有紫外灯的箱子内或将皮肤暴露在紫外灯下。紫外光可使空气分解产生臭氧,高浓度臭氧可引起严重的呼吸道和眼睛炎症。植物组织培养室和超净工作台上的紫外灯开放时间不可太长,最好在 30 min 之内。超净工作台上的紫外灯关闭以后不要立即靠近工作台,最好让无菌风吹 15 min 左右后再开始操作,避免产生的臭氧对人体造成伤害。

12.5.6 结果与思考

(1)根据实验结果撰写实验报告。
(2)在组织培养过程中为什么要严格进行无菌操作?
(3)在组织培养工作中发现污染现象后,应如何解决该问题?

12.6 外植体消毒处理及接种

12.6.1 实验目的

植物组织培养材料的消毒处理是组织培养过程中一个重要的环节。通过本实验,领会无菌培养对实验材料消毒、接种的要求,初步掌握组织培养材料消毒、接种的操作技术,掌握无菌操作技术。

12.6.2 实验原理

组织培养的主要过程都是在无菌条件下进行的,这就意味着在培养过程中,必须防止和消除细菌、真菌、藻类及其他微生物的感染。所有培养基、培养瓶、器械和植物材料本身均需严格消毒灭菌。无菌是组织培养成功的前提。

植物体内带有各种各样的微生物,一旦与培养基接触,这些微生物就会迅速繁殖,导致目标培养物无法生长,培养失败。对于初代培养来说,为了得到无菌的材料,材料的选择、消毒灭菌和接种都十分重要。

对材料进行表面消毒,所用消毒剂种类、浓度和处理时间,要根据材料的带菌情况、材料对消毒剂的敏感程度及消毒效果、材料类型及外植体的幼嫩程度,通过试验进行优化,筛选最适宜的消毒剂及消毒方法。植物组织培养中常用的消毒剂见表12-2。

表12-2 植物组织培养中常用的消毒剂(龚一富,2011)

消毒剂名称	使用浓度	消毒难易	灭菌时间/min	消毒效果
乙醇	70%~75%	易	0.1~3	好
氯化汞	0.1%~0.2%	较难	2~15	最好
漂白粉	饱和溶液	易	5~30	很好
次氯酸钙	5%~10%	易	5~30	很好
次氯酸钠	2%	易	5~30	很好
过氧化氢	10%~12%	最易	5~15	好
溴水	1%~2%	易	2~10	很好
硝酸银	1%	易	5~30	好
抗生素	4~50 mg/L	最易	30~60	很好

外植体表面消毒的步骤一般可概括为:流水冲洗1 h左右,70%酒精浸泡数秒或更长时间,0.1%~0.2%次氯酸浸泡5~15min(或2%~10%次氯酸钠浸泡10~30 min),无菌水冲洗4~5次。

对初代培养来说,即使进行表面消毒,污染仍是难免的。为了提高无菌材料培养的获得率,减少工作量,初次接种每管只放一块材料(比如一个马铃薯茎尖),采用大量小试管将材料分散,是最有效的策略。以污染率为95%计算,在120支试管中接种120块经消毒处理的材料,可以得到6管6块不污染的材料。如果在一支试管中接种2块材料,2块都污染的概率为$0.95 \times 0.95 = 90.25\%$,2块都不污染的概率为$0.05 \times 0.05 = 0.25\%$,这样要接种2 400块材料到1 200管中才能从中得到3管6块无菌材料。由此可见,污染率愈严重的材料越要采用这一方法。对于污染严重的材料,初代培养中5%的获得率并不算太差,一旦得到无菌材料,如果它们生长增殖,便可通过继代培养,建立无菌的培养系。

植物组织培养的接种是把经过表面消毒的植物材料切碎或分离出器官、组织、细胞，并将它们转放到无菌培养基上的全部操作过程。整个接种过程均需无菌操作。

12.6.3 材料与用具

12.6.3.1 试剂及材料

（1）实验用品。镊子、解剖刀、酒精灯、75%酒精棉、烧杯、广口瓶、培养器皿（内装配制好并已灭菌的培养基）、废液缸、无菌滤纸（或无菌培养皿）、记号笔、镊子架、酒精喷壶（内装75%酒精）。

（2）外植体。马铃薯的茎、叶、芽、薯块等。

（3）实验试剂。0.1%氯化汞（$HgCl_2$）、酒精、次氯酸钠、无菌水。

12.6.3.2 实验仪器

超净工作台。

12.6.4 实验步骤

（1）准备好培养基、无菌水、无菌滤纸或无菌培养皿及接种工具。

（2）将培养基、无菌水、接种工具置于接种台上，打开超净工作台紫外灯开关，同时打开接种室内的紫外灯，用紫外灯照射15~25 min，然后关闭室内的紫外灯，开送风开关，关闭台内的紫外灯，通风10 min后，再打开日光灯进行无菌操作。

（3）将马铃薯的茎、叶、芽、薯块等外植体做适当切割处理，去掉不需要的部分，置于流水下冲洗干净（冲洗时间视外植体清洁程度及易冲洗程度而定，一般几分钟至几小时）。

（4）操作人员用肥皂洗净双手，再用75%酒精喷洗双手和盛放植物材料的烧杯外壁，将烧杯放到超净工作台上。接种用的镊子、剪刀等使用前插入75%酒精溶液中。每次取出时剪口并拢，不可接触其他器皿，并保持尖端向下：剪、镊分别在酒精灯外焰彻底灼烧，灼烧时将剪口、镊口张开，烧至剪、镊上部，火焰熄灭后，置于灭过菌的镊子架上冷却备用。

（5）烧杯中的植物材料先用75%酒精灭菌30 s，不断搅拌，倒掉酒精，用无菌水冲洗3次，再用0.1%氯化汞溶液或10%次氯酸钠溶液灭菌3~15 min（灭菌时间与植物材料特性有关）。为了使植物表面灭菌彻底，可以在灭菌溶液中滴加几滴吐温-80，不断搅拌，使植物材料和灭菌溶液充分接触。

（6）将烧杯中的次氯酸钠倒入废液缸，灭菌材料用无菌水冲洗3次以上，5 min/次。用镊子取出无菌滤纸，然后取出外植体置于无菌滤纸上，用镊子和解剖刀对外植体的大小进行适当切割。

（7）在酒精灯火焰旁揭去封口膜或棉塞、瓶盖，将瓶口倾斜接近水平方向，用火焰灼烧瓶口，灼烧时应不断转动瓶口（靠手腕的动作，使试管口沾染的少量菌得以被烧死），左手持瓶，使其靠近火焰，右手将烧过的镊子触动培养基部分，使其冷却，夹取准备好的无菌外植体，将其放在培养基上，用镊子轻轻按一下，使其部分浸入培养基。

（8）转动瓶口灼烧，将封口膜或瓶盖等从酒精灯火焰上过一下，盖上封口膜，扎好绳子，标上接种日期、材料名称、培养基类型及激素浓度、姓名等。

（9）将接种材料移到培养室培养。

12.6.5　注意事项

（1）从室外剪取的材料，要用自来水冲洗数分钟，对表面不光滑或长有茸毛等不容易洗净的材料，冲洗时间要长，必要时用毛刷刷洗。

（2）外植体消毒剂的选择要综合考虑消毒效果、不同材料对灭菌剂的耐受力、消毒剂的去除效果等因素，最好选用两种消毒剂交替浸泡，初次实验灭菌时间要设置一定的时间梯度来确定最佳的灭菌时间。

（3）棉塞不能乱放。手拿的部分限于棉塞膨大的上半部分，塞入瓶口的那一段始终悬空，不要碰到其他任何物体。若是螺旋盖或薄膜，则应解下放置在灭过菌的台面上，放置处应随时用酒精棉团涂抹灭菌。

（4）工作台接种时，操作人员的头、胳膊等不得进入台内。应尽量避免做明显扰乱气流的动作（比如说、笑、打喷嚏），以免影响气流，造成污染。另外，操作过程中要不时用75%酒精擦拭双手、用酒精喷壶喷洒操作台面，及时消毒。

（5）进入接种室前，应先将手表、手镯、戒指、耳环等放在室外，将手和手腕用肥皂洗净后才能进入接种室，并用75%酒精棉球擦拭双手、双腕（此棉球置于超净工作台外烧杯内，并适时注入酒精）之后换上消毒的工作服、帽子、口罩（盖上鼻子和嘴，着装时注意头发不得置于帽子外，袖口用皮筋扎紧），进入台内。操作前用台内的酒精棉团擦拭手、手腕，再擦培养基和超净工作台，一般按瓶的棉塞、瓶身、瓶底的顺序擦拭培养瓶，彻底擦拭后放入超净工作台。

（6）接种前培养基出现大量污染现象，若菌类只存在于培养基表面，且主要是真菌时，可能是因培养瓶密封不严或放置培养基的环境不洁净，菌类种群密度过大所致；若菌类存在于培养基内部，则可能是由使用污染的贮藏母液引起。另外培养瓶不洁净，灭菌不彻底也是导致接种前培养基污染的原因。避免此现象发生的方法是：保持环境洁净，杜绝使用污染的母液，严格高压蒸汽灭菌程序，保证灭菌时间，灭菌后进行灭菌效果的检验。

（7）接种后培养基出现大面积污染、菌落分布不均匀，此种情况主要是由于接种过程中发生的污染所致。可能是接种室不洁净、菌类孢子过多、镊子带菌、操作人员手未彻底消毒、操作人员呼吸及超净工作台出现故障等原因引起。避免此现象发生的方法是：保持无菌接种室洁净，并定期用甲醛等熏蒸灭菌，在接种前无菌室用紫外灯灭菌 20~30 min，用 75%酒精喷雾杀菌降尘，超净台开启 15~20 min 后方可使用，镊子等接种工具严格彻底灭菌，且接种时使用 1 次灭菌 1 次，操作过程中经常用 75% 酒精等消毒剂擦洗手部等措施。

（8）接种后外植体周围发生菌类污染可能是因为外植体表面灭菌不彻底。解决方法是：外植体用饱和洗涤剂浸泡 10~15 min，自来水冲洗 0.5~2 h 后，再选择适宜的灭菌剂消毒，一般用 0.1%~0.2% 氯化汞灭菌最好。对于一些凹凸不平或有茸毛的外植体采用灭菌剂中加吐温 –80 等湿润剂的办法，增加其渗透性，以提高杀菌效果。

（9）氯化汞为剧毒药品，使用时要注意，不要溅在皮肤上。使用后不能直接倒入下水道，需要放入回收桶内进行处理。

（10）操作人员的呼吸也是污染的主要途径，外界有菌的空气容易通过呼吸气流进入超净工作台。通常在平静呼吸时细菌是很少的，但谈话或咳嗽时细菌便增多，因此操作过程应戴上口罩，并禁止不必要的谈话。

12.6.6　结果与思考

（1）对培养材料进行表面消毒接种后，每天观察外植体污染情况并记录，计算污染率。污染率的计算公式如下：

$$污染率 = (污染的外植体数 / 总接种外植体数) \times 100\%$$

如果培养材料大部分发生污染，说明消毒剂浸泡的时间过短；若接种材料虽然没有污染，但材料已发黄，组织变软，表明消毒时间过长，组织被破坏死亡；接种材料若没有出现污染，生长正常，即可以认为消毒时间适宜。

（2）外植体用消毒剂消毒后，为什么要用无菌水漂洗？有时候会在消毒溶液中加入 1~2 滴的表面活性物质，例如吐温 –80 或吐温 –20，为什么？

（3）在接种过程中，通过哪些措施来防止细菌对接种工具、接种材料的污染？

（4）根据实验结果及观察情况撰写实验报告。

12.7　马铃薯茎尖分生组织培养

马铃薯茎尖分生组织培养是马铃薯脱毒种薯生产的核心环节，是决定种薯质量好坏的关键和首要因素。

12.7.1　实验目的

（1）掌握茎尖剥离脱除病毒的原理，熟练掌握茎尖剥离的操作方法，能够独立完成马铃薯脱毒工作。

（2）熟练掌握外植体处理技术和体视显微镜的使用方法。

12.7.2 实验原理

病毒在植物体内的分布是不均匀的，在植物茎尖中呈梯度分布。利用茎尖分生组织离体培养技术对已感染的良种进行脱毒处理，并在离体条件下进行组织培养，能够获得强壮健康的脱毒种苗。在保护条件下扩大繁育脱毒种苗，建立合理的良种繁育体系，为农业生产提供优质的脱毒种苗和生产技术服务。实践证明，用高质量的脱毒种苗可以使农作物的产量增加，品质提高，获得明显的经济效益。剥取茎尖外植体（指茎的顶端分生组织及其下方的 1~2 个叶原基，长 0.1~0.5 mm）进行离体培养，就可以得到脱病毒植株。

12.7.3 材料与用具

（1）材料。马铃薯发芽块茎。

（2）用具。光照培养箱、超净工作台、解剖镜、解剖刀、解剖针、长镊子、培养皿等。

（3）试剂。MS 培养基母液、6-BA、NAA、GA$_3$、75% 酒精、0.1% 升汞、蔗糖（30 g/L）、琼脂（约 6 g/L）、蒸馏水。培养基配方：MS+ GA$_3$（0.1 mg/L）+NAA（0.5 mg/L）+6-BA（0.5 mg/L），pH 值为 5.8。

12.7.4 实验步骤

12.7.4.1 材料选择

在马铃薯原种一代生长季节选择具有原品种典型的特征特性、生育健壮的单株（或无性系），结合产量情况及类病毒检测，采用聚丙烯酰胺凝胶电泳法（R-PAGE）、核酸斑点杂交以及 RT-PCR 等方法检测马铃薯纺锤块茎类病毒 PSTVd，筛选高产、无类病毒并具有品种典型性状的块茎作为材料。

12.7.4.2 催芽

选择健康的整薯休眠期过后，于温室[（18±2）℃]散射光下催芽，或对入选的块茎（休眠期内）用 1.0 mg/mL 赤霉素浸种 30 min，然后置于温室内的砂床上或种在无菌的盆土中育芽。

12.7.4.3 热处理（可选步骤）

脱毒材料在进行茎尖组织剥离前，应进行热处理以钝化病毒的活性。入选薯块顶芽生长至 2 cm 后，转入光照培养箱内，以 12 h/d 光照，光照强度 2 000 lx，38 ℃ 8h 和 20 ℃ 16 h 钝化 6 周。

12.7.4.4 外植体消毒

剪取经过热处理后发芽块茎 2 cm 左右的芽若干个（最好是顶芽）。用软毛刷轻轻逐个刷洗后放于烧杯中，用纱布封口，放于自来水下冲洗 0.5 h，然后在超净工作台进行严格消毒：先用 75% 的酒精浸 15 s，无菌水冲洗 2 次；再用 0.1% 的升汞浸泡 10 min（或用 15% 次氯酸钠浸泡 20 min），无菌水冲洗 3~5 次，每次 3 min，冲洗完后放在灭过菌的滤纸上待用。

12.7.4.5 剥离和接种

在超净工作台上，将消毒过的芽置于 40 倍的解剖镜下，一手用一把眼科镊子将芽按住，一手用灭过菌的解剖针将叶片一层一层仔细剥掉幼叶，直至露出圆亮的生长点，用锋利的无菌解剖针小心切取 0.3 mm 以下的带 1~2 个叶原基的茎尖，并迅速接种到经过高压灭菌的茎尖剥离培养基上。每瓶接种 1 个茎尖，为防止交叉感染，解剖刀、解剖针和镊子等接种工具使用一次后应放入 70% 酒精中浸泡，然后灼烧放凉备用。接种完成后做好标记，注明材料名称和剥离日期。

12.7.4.6 茎尖培养

接种茎尖的试管（或三角瓶）放于培养室内培养，马铃薯茎尖培养需要的最适光照强度随发育时期应逐渐增加，最初的最适光照强度是 1 000 lx，2 周后再恢复培养增至 2 000~3 000 lx。培养室温度保持 20~23 ℃，光照时间 16 h/d 培养，30~40 d 即可看到明显伸长的小绿生长点，2~3 个月后可转入无激素的 MS 培养基中，3~4 个月后即能发育成 6~7 cm 带有 7~8 个叶片的小植株，将其按单节切段继续扩繁，一个植株编一个号进行转接，转接一定数量后，同一编号瓶苗保留一部分，另一部分进行病毒检测。

12.7.4.7 病毒鉴定

茎尖剥离后应对种苗脱毒质量和扩繁过程中种苗质量进行监控，对于病毒病的检测，应用较多的有 DAS-ELISA、RT-PCR 等方法；对于 PSTVd，可以采用核酸斑点杂交、往返电泳（R-PAGE）、RT-PCR 等。

12.7.5 结果及思考

撰写实验报告并回答以下问题。

（1）简述马铃薯茎尖分生组织培养的过程。

（2）影响脱毒率和成苗率的主要因素是什么？

12.8 马铃薯试管苗快繁

离体繁殖也称微型繁殖或快速无性繁殖，简称快繁。离体繁殖与传统的无性繁殖方法比较，具有繁殖速度快、占用空间小、不受季节影响、可周年化生产等特点，并且可以和脱除病毒与种质保存结合起来，生产出高质量和整齐一致的苗木，符合现代化生产的要求。

12.8.1 实验目的

学习和掌握马铃薯茎段快繁的基本方法，能够独立进行马铃薯试管苗茎段快繁工作。

12.8.2 实验原理

在实际的离体繁殖中，为了保证良种无性系的遗传稳定性，采用的外植体必须是生长健壮、成熟的营养芽、块茎等。如果采用其他器官、组织的外植体繁殖后代或通过愈伤组织诱导再生植株可能产生变异，不能保证良种的优良种性。但对于通常用种子繁殖的作物杂种一代或砧木，其离体繁殖的材料也可以采用优良的种子，快速产生性状优良、生长一致的蔬菜、花卉或砧木种苗。茎尖培养时，可通过促使茎尖内的腋芽萌发形成一定数量的腋生枝，然后培养而形成完整植株。马铃薯可通过茎段培养由其腋芽再生成完整植株而进行快速繁殖。

12.8.3 材料与用具

（1）培养基。马铃薯茎段快繁培养基：MS+3% 蔗糖（或白糖）+0.5%~0.7% 琼脂，pH 值为 5.8。

（2）仪器。超净工作台、高压蒸汽灭菌锅、蒸馏水器、酸度计、天平、酒精灯、剪刀、镊子、试管、无菌培养皿或无菌滤纸、三角瓶、低温冰箱、烧杯、移液管、量筒等。

12.8.4 实验步骤

（1）马铃薯茎段接种及快繁。在无菌条件下采用无菌操作，将经过检测不携带病毒、马铃薯纺锤块茎类病毒的马铃薯试管苗切成带 1~2 个腋芽的茎段，接种于快繁培养基上，待新的试管苗长至 10 cm 左右时（3~4 周），再以同样的方法转接进行下一次扩繁，每瓶试管苗可扩繁 3~5 瓶。

（2）接种器具灭菌。镊子和剪刀横竖均要用酒精灯灼烧 2~3 遍，再开始繁苗，或灼烧后放在经灭菌的器械架上冷却后使用。

（3）接种。确定要扩繁的品种，在超净工作台外将母苗瓶擦拭干净，再将母苗瓶盖打开，瓶口在酒精灯上方略烤一下，尤其是苗龄比较长的母苗，同时将空白培养基打开，镊子灼烧后冷却数秒钟，将组培苗轻轻夹出，用剪刀剪下一片叶带一个叶节的茎段，按植物生物学方向插入培养基。

接种茎段的方法大致分 2 种：一种是一段一段剪，一段一段插，先剪带生长点的二叶一心的苗放在同一个瓶内，然后剪植株的下面部位，一个叶节剪一段放在同一个培养瓶内，使组培苗生长速度一致，便于管理；另一种是将组培苗从瓶内夹出来，剪段（一个叶节剪一刀），茎段先剪在无菌纸上，然后再平铺在空白培养基上或撒在培养基上。这两种方法各有优势,第一种方法生产的组培苗比较健壮整齐,移栽时成活率高,生长势整齐,便于大棚微型薯生产管理,缺点是操作速度较慢,工作效率低。第二种方法是剪段撒苗或铺苗。优点是试管苗密集、出苗量大,缺点是试管苗高矮不齐、成活率低于第一种方法,过于细弱的组培苗需放到温室或大棚炼苗过渡,增加中间环节,在生产中会增加成本。

接种完试管苗后,盖上瓶盖,同时将接种的剪刀和镊子再次插入杀菌器械内,使用前用酒精灯横竖灼烧2遍,再开始下次繁苗。每瓶放16~18株苗(根据瓶的大小,确定每瓶苗数,一般每株苗占的空间为1.4~1.6 cm^2),通常1瓶母苗能扩繁出4瓶或5瓶组培苗,繁殖系数1∶4,若繁殖系数过低,需找原因,是否母苗拔节过高导致剪不出苗。要求二叶一心带生长点的苗段放在同一个瓶内,下面部分一片叶带一个叶节的茎段放在同一个瓶内,能有效地保持试管苗生长的整齐度。

(4)接种后的处理。繁好的瓶苗或试管苗用记号笔标上品种代号、日期和接种人代号等,转入到组培室,整齐摆放在组培架上,让试管苗接受均匀光照。

扩繁完毕,关闭灭菌器械、照明设备、超净工作台等,用洗衣粉清洗器械并灭菌备用,关闭灭菌器械、照明设备、超净工作台等,及时清理接种后产生的废弃物,并带离接种室,关上无菌室门。接种后第4 d检查污染情况,污染率超过3%,须及时上报并分析污染原因。

(5)培养室的条件。培养室的温度应控制在20~25 ℃。高于26 ℃,苗顶端易产生烧苗现象,高于33 ℃,苗停止生长。光照度为2 000~3 000 lx,每天光照16 h左右。也可以利用自然散射光做光源。用散射光培养的试管苗茎叶粗大、叶片肥厚、深绿,节间短,生长健壮,可降低生产成本和提高试管苗移栽的成活率。

12.8.5 注意事项

(1)在马铃薯试管苗扩繁过程中必须有序进行,及时标注品种信息,避免造成品种混杂。

(2)马铃薯试管苗培养期间应经常检查,及时移除污染的瓶苗并进行灭菌处理,避免造成更多的污染。

12.8.6 结果与思考

(1)撰写实验报告。

(2)调查污染情况并计算污染率,分析产生污染的原因并给出意见和建议。

12.9 马铃薯试管薯的诱导

马铃薯试管薯(microtuber)是在组织培养条件下,通过控制培养基成分和培养条件，对培养瓶内试管苗进行诱导，在试管苗叶腋间形成的直径为 2~10 mm 的块茎，马铃薯试管薯的诱导与生产，对于马铃薯种薯生产、种质保存、种子交换、块茎形成和发育机理的研究等方面具有重要的意义。

12.9.1　实验目的

了解和掌握马铃薯试管薯生产的基本操作过程和技术。

12.9.2　实验原理

马铃薯试管薯具有品种纯度高、无毒无病、体积小、便于贮藏和运输等优点，并且试管薯生产不受气候影响，可以常年大规模工厂化快速生产。试管薯既能直接用于商品薯生产，也可作为微型薯生产的基础材料。影响试管薯诱导的主要因素有基因型、植物生长调节物质（6-BA、IAA、GA_3、KT、CCC、B_9、香豆素等）、碳源、培养方式（固体培养、液体培养、固液双层培养等）、培养条件（光照、温度）等。

12.9.3　材料与用具

（1）实验材料。马铃薯无菌试管苗。
（2）培养基。马铃薯试管薯诱导培养基：MS+8%蔗糖。
（3）实验用具。超净工作台、高压蒸汽灭菌锅、蒸馏水器、酸度计、天平、酒精灯、剪刀、镊子、试管、培养皿、三角瓶、低温冰箱、烧杯、移液管、量筒、塑料盘或塑料盒、尼龙袋等。

12.9.4　实验步骤

12.9.4.1　母株的培养

将试管苗剪成带有一个腋芽的茎段，接种到装有约 30 mL 培养基的 150 mL 三角瓶中，每瓶接种 7 个茎段，培养基为：MS 培养基 +3% 蔗糖 +0.5%~0.7% 琼脂。培养温度为（25±2）℃，光照强度为 2 000~3 000 lx，光照期为 16 h/d，培养 4 周左右。

12.9.4.2　试管薯的诱导

液体培养法：将生长健壮的马铃薯试管苗剪成带一个腋芽的单节茎段，接种于 30 mL MS 加 3% 蔗糖的液体培养基中，每 150 mL 的三角瓶接种 7 个茎段，置于光照强度为 2 000 lx、光周期为 16 h/d、温度为（25±2）℃的条件下培养 4 周，然后补加 20 mL MS 加 8% 蔗糖的液体培养基，全黑暗条件下诱导结薯。

12.9.4.3　试管薯收获

试管薯收获时要将黏在试管薯上的培养基用自来水冲洗干净，洗净的试管薯要置于散射光下待干燥后再贮藏。在操作过程中要轻拿轻放，以免撞伤薯皮。

12.9.4.4 试管薯贮藏

将干燥的试管薯轻轻装入保鲜盒并编号后,可放在冷藏柜、冰箱、窖内贮藏,温度保持在 4 ℃。

12.9.5 结果与思考

(1)每人繁殖 5 瓶马铃薯无菌试管苗,然后进行试管薯的诱导;观察和记录试管苗生长的速度和状态、试管薯形成的时间和数量,并统计试管薯诱导率。

(2)影响试管薯诱导率和试管薯大小的因素有哪些?

12.10 马铃薯种质资源试管苗保存

种质资源是指具有一定的种质或基因、可供育种及相关研究利用的各种生物类型,也被称为遗传资源或基因资源。种质资源是现代育种的物质基础,其中稀有特异性种质资源对育种成效具有决定性作用,新的育种目标能否实现也决定于所拥有的种质资源。因此,种质资源的收集和保存是一项重要工作。种质资源保存主要有种植保存、贮藏保存、基因文库技术以及离体保存等方法。

在上述种质资源离体保存方法中,离体保存是比较方便、有效的方法,该方法可以节约土地、人力和物力,在马铃薯、柑橘、葡萄等无性繁殖作物的种质保存中应用广泛。

12.10.1 实验目的

学习并掌握植物试管苗的生长抑制剂保存的方法。

12.10.2 实验原理

植物试管苗的生长抑制剂保存,是将植物试管苗放到添加一定量的生长抑制剂或延缓剂的培养基培养,延缓试管苗的生长,减少培养基的营养消耗,以达到延长继代时间和长期保存的目的。目前,应用无菌试管苗保存植物种质最常用的方法是常温限制生长保存,即在常温培养条件下,通过在培养基中加入化学物质或采用一些物理方法,限制或延缓培养物生长,达到保存种质的目的。限制生长保存时内部生长因子的调控主要包括贮存培养基成分的选择和生长抑制物质的应用两部分。贮存培养基一般用基本培养基 MS、1/2 MS 或 1/4 MS,添加 2%~4% 的蔗糖,固体培养。生长抑制剂主要选用对保存材料的再生能力、遗传稳定性无影响的物质,常用的有 ABA、CCC、多效唑等,或者在培养基中加入甘露醇、山梨醇等渗透压调节剂来提高培养基的渗透压。控制光照,降低培养瓶内的氧分压,降低培养温度等措施也可延缓试管苗的生长。

12.10.3 材料与用具

（1）实验材料。马铃薯试管苗。

（2）实验试剂。配制 MS 培养基需要的药品、蔗糖、琼脂、75% 酒精、多效唑等。

（3）实验用具。超净工作台、高压蒸汽灭菌锅、蒸馏水器、天平、酒精灯、接种刀、剪刀、镊子、广口瓶、三角瓶、烧杯、移液管、量筒、记号笔、脱脂棉、火柴（或打火机）、废液缸、刀片、无菌纸、铁丝网或纱布、玻璃棒、试管、玻璃瓶等。

12.10.4 实验步骤

12.10.4.1 保存培养基配制

配制马铃薯试管苗保存培养基和对照培养基，用于试管苗保存实验。

试管苗保存培养基配方 1：MS 培养基加 40 g/L 山梨醇（10 ℃培养）（吴京姬等，2014）。

试管苗保存培养基配方 2：MS+CCC 40 mg/L（刘俊秀，2015）。

试管苗保存培养基配方 3：MS+ 多效唑 1.5 mg/L（刘俊秀，2015）。

上述培养基均添加蔗糖（30 g/L）、琼脂（约 6 g/L），pH 值为 5.8。

12.10.4.2 接种与试管苗保存

马铃薯试管苗长至 45 d 时，切除基部愈伤组织部分及根，分别接种在含有多效唑的保存培养基和对照培养基上。每瓶接入 1~2 株，每个处理接入 15~20 瓶，用封口膜封口后在盖子上注明材料名称及接种时间等信息。将接种好的培养物置于温度（25±2）℃、光照 1 200 lx、光照时间 12 h/d 的培养室进行保存。45~60 d 后观察马铃薯试管苗在保存培养基与对照培养基上的生长差异；更明显的保存效果观察可在保存半年以后进行。

12.10.5 结果与思考

（1）撰写实验报告。

（2）植物离体种质保存的方法有哪些？

（3）植物生长抑制剂或延缓剂延缓试管苗生长的机理是什么？

（4）在选择植物生长调节剂或延缓剂时应注意哪些问题？

12.11 马铃薯试管苗的驯化与移栽

12.11.1 实验目的

通过本实验，要求学生学会和掌握组培苗的驯化和移栽方法，以及移栽后的管理。

12.11.2 实验原理

组织培养中培育出来的苗通常称为组培苗或试管苗。由于试管苗是在无菌、有营养供给、适宜光照和温度、较高的相对湿度环境条件下生长的,因此,在生理、形态等方面都与自然条件生长的正常小苗有很大的差异。所以必须通过炼苗,例如通过控水、减肥、增光、降温等措施,使它们逐渐地适应外界环境,从而使其生理、形态、组织上发生相应的变化,更适合自然环境。只有这样才能保证试管苗顺利移栽成功。

12.11.3 材料与用具

(1)材料。马铃薯组培苗。

(2)试剂与用具。蛭石、珍珠岩、腐殖土、草炭土、砂子、喷壶、育苗盘、塑料钵等。

12.11.4 实验步骤

12.11.4.1 移栽基质的配制

用珍珠岩、蛭石、草炭土或腐殖土以 1∶1∶0.5 混合。也可用砂子、草炭土或腐殖土以 1∶1 混合,这些介质在使用前应高压灭菌。

12.11.4.2 移栽前的炼苗

移栽前可将培养物不开口移到自然光照下锻炼 2~3 d,让试管苗接受强光的照射,使其长得壮实起来,然后再开口炼苗 1~2 d,经受较低湿度的处理,以适应将来自然湿度的条件。

12.11.4.3 取苗及生根剂处理

从试管(或组培瓶)中取出经过炼苗且发根的试管苗,用自来水彻底洗掉根部黏着的培养基(操作轻柔,避免伤根),要全部除去,以防残留培养基滋生杂菌。

组培苗在移栽前,通常采用 10×10^{-6} 浓度的 ABT 生根粉(1 g ABT 生根粉溶解于 500 mL 75% 乙醇中,加 500 mL 水,定容至 1 000 mL,即为 $1 000 \times 10^{-6}$ 的母液)浸根 15~20 min,ABT 生根粉成分是吲哚丁酸、萘乙酸,在植物体内能诱导乙烯生成,内源乙烯在低浓度下有促进生根的作用。吲哚乙酸是植物体内普遍存在的内源生长激素,可诱导不定根的生成,促进侧根增多。处理过的试管苗生根会比不处理的苗生根略快些,不用生根剂处理的苗也可以正常生长。

将拔出的组培苗整齐地放入带孔眼的塑料筐内,浸泡在配好的 ABT 生根粉水溶液中。假如试管苗苗龄略老或移栽季遇到温度偏低的情况,可在生根剂内,加入 5×10^{-6} 的 GA_3(赤霉素)浸苗,抑制植株成熟和衰老及气生块茎的形成,增加自由生长素含量,促进植物茎和叶的生长。成筐处理好的苗,放在湿润的无纺布上,同时在筐上盖上湿润的无纺布或薄布,送往大棚或温室移栽,原则上当天洗出的苗,当天移栽种完,这是保证高成活率和正常生长的重要环节。

12.11.4.4 移栽和扦插组培苗注意事项

（1）工作人员应注意个人卫生，工作服干净整洁，统一采用23 cm长的腔镊栽苗，定期消毒剪刀和镊子。尤其换品种时，需将放苗的筐、保湿布和涉及的工具器械，统一清洗和消毒。

（2）注意拿镊子的姿势，不要将组培苗揉坏、折断，用镊子夹着根部栽于松软的基质内，深度在2 cm左右即可，此深度不会影响根部正常形成匍匐茎，不要将苗穴插得过大，以免造成根系不能紧贴蛭石，根系外露会影响试管苗发根速度。

（3）移栽后的管理。整畦移栽结束，及时喷清水，喷清水的目的是使基质均匀地封住根部周围的空隙，让基质与刚移栽的组培苗的根互相贴紧，保住湿度，发根快。喷洒1 000倍的农用链霉素和800倍的甲霜·锰锌等，确保扣小棚期间移栽苗健康成长。根据天气温度情况，在小拱棚上盖上薄膜和遮阳网，保湿遮阳。夏秋苗期的管理既要保湿又要防止烂苗，要注意降温通风。早春的试管苗要御寒增温（中国北方），确保试管苗的成活率。在正常温度下，苗移栽后的7 d内，小拱棚上的塑料膜不能掀开，具有保湿和保温的效果。7~10 d后移栽苗长出新的根须时，才能掀膜进行通风管理。

当温度偏高时，在大棚顶部拉上遮阳网，同时在小拱棚上盖上遮阳网，并将小拱棚两头的膜掀开通气，以防温度过高。组培苗移栽后7 d内需特别细心管理，小拱棚内相对湿度保持在90%左右，白天强光照时，需拉遮阳网，到黄昏太阳近落山时，需除去遮阳网，让试管苗见光，至第2天8时左右，温度升高后，再将遮阳网拉起。若昼夜都盖着遮阴网，直到第7天或第10天长根再撤除，会使试管苗底叶发黄，植株生长得细弱，不健壮。

移栽苗在生根抱团后，就可以进入苗期管理，此时的苗床上的试管苗可以分2类用途：第一类是直接生产微型薯，可根据产品的要求调整微型薯规格大小或轻重，在移栽时，通过株行距和蛭石厚度的调节，实现微型薯大小的调控；第二类是作为无性繁殖的扦插苗源，在试管苗数量不足时使用。

12.11.5 结果与思考

（1）撰写实验报告。

（2）统计移栽成活率，分析提高组织培养苗移栽成活率的措施和方法。

参考文献

白建明，陈晓玲，卢新雄，等，2010.超低温保存法去除马铃薯病毒和马铃薯纺锤块茎类病毒［J］.分子植物育种，8（3）：605-611.

白江平，2019.植物组织培养实验指导［M］.北京：中国农业大学出版社.

扁红英，苏世平，李毅，等，2022.次氯酸钠对白刺开放式组培苗生理特性的影响［J］.草业科学，39（2）：213-221.

陈步扬，2021.马铃薯奥古巴花叶病毒侵染性克隆的构建及其编码蛋白的功能研究［D］.宁波：宁波大学.

陈丽华，李云海，2003.马铃薯试管苗快繁中提高繁殖系数的方法［J］.云南农业科技（2）：30-31.

陈亚兰，2012.不同抑菌剂对马铃薯试管苗生长的影响［J］.中国马铃薯，26（5）：260-263.

陈英，张西英，刘江娜，2014.SDIC 在马铃薯脱毒组培苗开放式快繁生产中的应用试验研究［J］.新疆农垦科技，37（11）：38-40.

崔德才，徐培文，李红双，等，2003.植物组织培养与工厂化育苗［M］.北京：化学工业出版社.

崔刚，2005.植物开放式组织培养与工厂化育苗新模式的研究［D］.泰安：山东农业大学.

范国权，吕典秋，高艳玲，等，2018.中国马铃薯种薯质量检测认证现状及建议［J］.中国马铃薯，32（3）：184-190.

冯光惠，杜虎平，李夏隆，等，2015.携病毒马铃薯茎尖分化成苗与脱毒率检测［J］.西北植物学报，35（3）：622-627.

龚一富，2011.植物组织培养实验指导［M］.北京：科学出版社.

古丽米拉·热合木土拉，徐琳黎，刘易，等，2021.马铃薯种质资源保存现状及改进策略［J］.现代农业科技（12）：91-92，95.

黄敏，梁春辉，李秀平，等，2018.两种抑菌剂在铁皮石斛开放式组织培养的应用［J］.北方园艺（12）：136-140.

居玉玲，2021. 马铃薯脱毒繁育与微型薯生产实用技术［M］. 北京：化学工业出版社.

康俊，2016. 真菌抑菌剂在马铃薯开放式组织培养中的应用［J］. 安徽农业科学，44（26）：108-110，121.

李经纬，2019. 马铃薯茎尖与病毒超低温保存技术的研究及超低温疗法脱毒试管苗的耐盐性评价［D］. 杨凌：西北农林科技大学.

李松，刘欣，刘红坚，等，2016. 次氯酸钠在甘蔗开放式组培苗繁殖中的应用研究［J］. 中国糖料，38（6）：3-6.

李婷婷，2019. 马铃薯开放式组织培养条件优化研究［D］. 长春：吉林农业大学.

李婷婷，刘希元，滕巍，等，2022. 脱毒马铃薯开放式组织培养抑菌剂的筛选［J］. 长江蔬菜（20）：47-49.

李晓燕，2007. 抑菌剂抑菌能力比较及其对组培苗生长发育的影响［D］. 大连：辽宁师范大学.

李英，王佳，季乐翔，等，2011. 植物单倍体技术及其应用的研究进展［J］. 中国细胞生物学学报，33（9）：1008-1014.

李芝芳，2004. 中国马铃薯主要病毒图鉴［M］. 北京：中国农业出版社.

刘福平，蔡晓东，2016. 蝴蝶兰类原球茎分化的开放组培试验研究［J］. 现代农业科技，（21）：115-116.

刘海英，张祚恬，2019. 马铃薯组织培养技术［M］. 武汉：武汉理工大学出版社.

刘江娜，罗燕娜，赵亮，等，2015. 植物生长延缓剂B_9和CCC对马铃薯脱毒试管苗复壮及保存的影响［J］. 新疆农垦科技，38（12）：34-36.

刘俊秀，2015. 马铃薯组织培养及试管苗保存的研究［D］. 呼和浩特：内蒙古农业大学.

刘丽丽，2013. 东北红豆杉开放式组培育苗关键技术研究［D］. 长春：吉林大学.

卢翠华，邱宏，张丽莉，2009. 马铃薯组织培养原理与技术［M］. 北京：中国农业科学技术出版社.

罗其友，高文菊，吕健菲，等，2022. 2021—2022年中国马铃薯产业发展形势分析［C］// 马铃薯产业与种业创新（2022）. 北京：中国农业科学院农业资源与农业区划研究所：15-18.

罗其友，鲁洪威，李国景，等，2023. 2022年中国马铃薯产业发展形势分析［C］// 马铃薯产业与种业创新（2023）. 北京：中国农业科学院农业资源与农业区划研究所：12-15.

彭慧元，赵旭剑，雷尊国，等，2014. 从国际马铃薯中心引进马铃薯种质资源的适应性筛选［J］. 种子，33（10）：60-63.

孙其信，李保云，宋宪亮，等，2019. 作物育种学［M］. 北京：中国农业大学出版社.

孙占育，曹彬，李红芳，等，2013. 长柄扁桃开放式组培试验研究［J］. 现代农业科技（20）：66，69.

唐敏，2012. 运用超低温技术脱除梨离体植株潜隐病毒研究 [D]. 武汉：华中农业大学.

王春珍，李岩，梁秀芝，2018. 马铃薯种薯繁育与高产栽培 [M]. 太原：山西科学技术出版社.

王鸿，2017. 三种相思开放式组培快繁及扦插生根技术研究 [D]. 北京：中国林业科学研究院.

王凯，2017. 山丹丹开放式组织培养的初步研究 [D]. 延安：延安大学.

王晓煌，黄胜琴，李玲，2015. 4种抑菌剂在烟草开放式组织培养中的应用 [J]. 广东农业科学，42（5）：58-62.

王赵玉，张健雄，户新宇，等，2012. 抑菌剂在开放式植物组织培养中的应用研究 [J]. 北方园艺（18）：125-127.

吴京姬，康哲秀，郎贤波，等，2014. 利用山梨醇长期保存马铃薯试管苗 [J]. 中国马铃薯，28（1）：14-17.

解辉，莫廷辉，曾丽星，2011. 次氯酸钠在香蕉开放式组织培养中的应用研究 [J]. 热带作物学报，32（5）：886-890.

徐建飞，金黎平，2017. 马铃薯遗传育种研究：现状与展望 [J]. 中国农业科学，50（6）：990-1015.

徐凯南，杨笑如，2017. 杂交构树开放式组培快繁技术研究 [J]. 科技创新与应用（6）：19-20.

徐晓敏，2016. 薯类作物开放式组培技术的建立 [D]. 大连：大连工业大学.

许娟妮，2013. 西藏马铃薯地方资源调查及新品种引进试验研究 [D]. 北京：中国农业科学院.

颜克如，毛碧增，2019. 植物病毒脱毒技术进展与展望 [J]. 分子植物育种，17（23），7861-7870.

杨波，刘晓兵，吕典秋，2016. 荷兰马铃薯种薯生产与质量认证 [J]. 中国马铃薯，30（3）：181-185.

袁丽娜，2011. 东北红豆杉工厂化育苗生产模式优化及技术体系的构建 [D]. 长春：吉林大学.

张艳，2011. 杉木开放式组织培养的初步研究 [D]. 福州：福建农林大学.

张艳萍，2014. 引进秘鲁马铃薯种质资源的评价与利用 [D]. 杨凌：西北农林科技大学.

张志勇，黄作喜，齐泽民，2018. 铁皮石斛开放式组织培养体系的建立 [J]. 贵州农业科学，46（6）：1-5.

赵青华，陈永波，滕建勋，等，2011. 开放式组织培养下魔芋快繁技术研究 [J]. 现代农业科技（13）：114-115.

赵青华，陈永波，杨朝柱，等，2009. 魔芋开放式组织培养技术初探 [J]. 氨基酸和生物资源，31（4）：79-82.

参考文献

朱梦珠，2018. 切花菊'白扇'开放式组培快繁体系的建立［D］. 福州：福建农林大学.

邹彬，吕晓滨，2014. 马铃薯脱毒种薯生产与高产栽培［M］. 石家庄：河北科学技术出版社.

邹剑锋，2007. 用试管苗低温保存马铃薯种质及其遗传稳定性研究［D］. 长沙：湖南农业大学.

左静静，闫贵云，霍利光，等，2019. 马铃薯茎尖脱毒新方法探析［J］. 山西农业科学，47（9）：1537–1539.

AKITA M，TAKAYAMA S，1994. Induction and development of potato tubers in a jar fermentor[J]. Plant Cell, Tissue and Organ Culture，36（2）：177–182.

BRISON M，PIERRONNET A，DOSBA F，1997. Effect of cryopreservation on the sanitary state of a cv Prunus rootstock experimentally contaminated with Plum Pox Potyvirus［J］. Plant Science，123（97）：189–196.

CHEN W Q，SHERWOOD J L，2010. Evaluation of tip culture，thermotherapy and chemotherapy for elimination of Peanut mottle virus from Arachis hypogaea［J］. Journal of Phytopathology，132（3）：230–236.

DANCI O，ERDEI L，VIDACS L，et al.，2009. Influence of ribavirin on potato plants regeneration and virus eradication［J］. Journal of Horticulture Forestry & Biotechnology，12：421–425.

JIMÉNEZ E, CEBOLLA A, GÓMEZ-GUILLAMÓN M L, et al., 1999. Factors affecting in vitro tuberization of potato（*Solanum tuberosum* L.）［J］. Plant Cell, Tissue and Organ Culture, 59（1）：19–23.

KASSANIS B，GOVIER D A，1971. New evidence on the mechanism of aphid ransmission of potato C and potato aucuba mosaic viruses［J］. Journal Of General Virology，10（1）：99–101.

KNAPP E，HANZER V，WEISS H，et al.，1995. New aspects of virus elimination in fruit trees［J］. Acta Horticulturae，386：409–418.

KUSHNARENKO S，ROMADANOVA N，ARALBAYEVA M，et al.，2017. Combined ribavirin treatment and cryotherapy for efficient Potato virus M.，and Potato virus S，eradication in potato（*Solanum tuberosum* L.）in vitro shoots［J］. In Vitro Cellular & Developmental Biology–Plant，53（4）：425–432.

LIU J，ZHANG X J，YANG Y K，et al.，2016. Characterization of virus–derived small interfering RNAs in Apple stem grooving virus–infected invitro–cultured Pyrus pyrifolia shoot tips in response to high temperature treatment［J］. Virology Journal，13（1）：166.

LIU J，ZHANG X J，ZHANG F P，et al.，2015. Identification and characterization of microRNAs from in vitro-grown pear shoots infected with Apple stem grooving virus in response to high temperature using small RNA sequencing [J]. BMC Genomics, 16 (1): 1-16.

LIZARRAGA R E, SALAZAR L F, ROCA W M, et al., 1980. Elimination of Potato spindle tuber viroid by low temperature and meristem culture [J]. Phytopathology, 70 (8): 754-755.

LOZOYA-SALDAÑA, ABELLÓ J, DE LA R, et al., 1996. Electrotherapy and shoot tip culture eliminate potato virus X in potatoes [J]. American Journal of Potato Research, 73 (4): 149-154.

MAHFOUZE S A, EL-DOUGDOUG K A, ALLAM E K, 2010. Production of Potato Spindle Tuber Viroid-Free Potato Plant Materials in Vitro [J]. Journal of American Science, 6 (12): 1570-1577.

MALIOGKA V I, SKIADA F G, ELEFTHERIOU E P, et al., 2009. Elimination of a new ampelovirus (GLRaV-PR) and Grapevine rupestris stem pitting-associated virus (GRSPaV) from two Vitis vinifera cultivars combining in vitro thermotherapy with shoot tip culture [J]. Scientia Horticulturae, 123 (2), 280-282.

MELLOR F C, STACE-SMITH R, 1977. Tissue Culture and Plant Pathology [M]//REINERT J, BAJAJ Y P S. Applied and Fundamental Aspects of Plant Cell, Tissue, and Organ Culture. Springer-Verlag Berlin Heidelberg: 579-646.

PAPRSTEIN F, SEDLAK J, SVOBODOVA L, et al., 2013. Results of In Vitro Chemotherapy of Apple cv. Fragrance [J]. Horticultural Science, 40 (4): 186-190.

PAUNOVIC S, RUZIC D, VUJOVIC T, et al., 2007. In vitro production of Plum pox virus-free plums by chemotherapy with ribavirin [J]. Biotechnology & Biotechnological Equipment, 21 (4): 417-421.

SHARMA S, SINGH B, RANI G, et al., 2007. In vitro production of Indian citrus ring spot virus (ICRSV) free kinnow plants employing phytotherapy coupled with shoot tip grafting [J]. In Vitro Cellular & Developmental Biology-Plant, 43 (3): 254.

TAN R, WANG L, HONG N, et al., 2010. Enhanced efficiency of virus eradication following thermotherapy of shoot tip cultures of pear [J]. Plant Cell Tissue & Organ Culture, 101 (2): 229-235.

VIVEK M, MODGIL M, 2018. Elimination of viruses through thermotherapy and meristem culture in apple cultivar 'Oregon Spur- II' [J]. Virus disease, 29 (1): 75-82.

WANG Q C, LIU Y, XIE Y, et al., 2006. Cryotherapy of potato shoot tips for efficient elimination of Potato leafroll virus (PLRV) and Potato virus Y (PVY) [J]. Potato Research, 49 (2): 119-129.

WANG Q C, MAWASSI M, LI P, et al., 2003. Elimination of Grapevine virus A (GVA) by cryopreservation of in vitro-grown shoot tips of *Vitis vinifera* L. [J]. Plant Science, 165(2): 321-327.

WU H, QU X, DONG Z, et al., 2020. WUSCHEL triggers innate antiviral immunity in plant stem cells. Science, 370: 227-231.

ZHAO L, WANG M R, CUI Z H, et al., 2018. Combining thermotherapy with cryotherapy for efficient eradication of apple stem grooving virus from infected in vitro-cultured apple shoots [J]. Plant Disease, 102(8): 1574-1580.

ZHU Y, GREEN L, WOO Y M, et al., 2001. Cellular basis of potato spindle tuber viroid systemic movement [J]. Virology, 279: 66-77.

附件

GB 18133—2012《马铃薯种薯》

GB 7331—2003《马铃薯种薯产地检疫规程》

主要缩略语

2,4–D	2,4-二氯苯氧乙酸
CCC	氯化氯胆碱
6–BA	6-苄基腺嘌呤
CH	水解酪蛋白
GA_3	赤霉素
IAA	吲哚乙酸
IBA	吲哚丁酸
KT	激动素
lx	勒克斯（照度单位）
MS（Murashige and Skoog）	MS 基本培养基
NAA	萘乙酸
NOA	萘氧乙酸
P–CPA	对氯苯氧乙酸
PP333	多效唑
PVX（potato virus X）	马铃薯 X 病毒
PVY（potato virus Y）	马铃薯 Y 病毒
PVA（potato virus A）	马铃薯 A 病毒
PVS（potato virus S）	马铃薯 S 病毒
PVM（potato virus M）	马铃薯 M 病毒
PLRV（potato leafroll virus）	马铃薯卷叶病毒
PSTVd（potato spindle tuber viroid）	马铃薯纺锤块茎类病毒
tRNA	转移 RNA
ZT	玉米素